KB274980

맛있는 스누피 쿠킹
PEANUTS™

PEANUTS™
맛있는 스누피 쿠킹

찰스 M. 슐츠 그림 │ 박혜원 옮김

더모더
Themodern

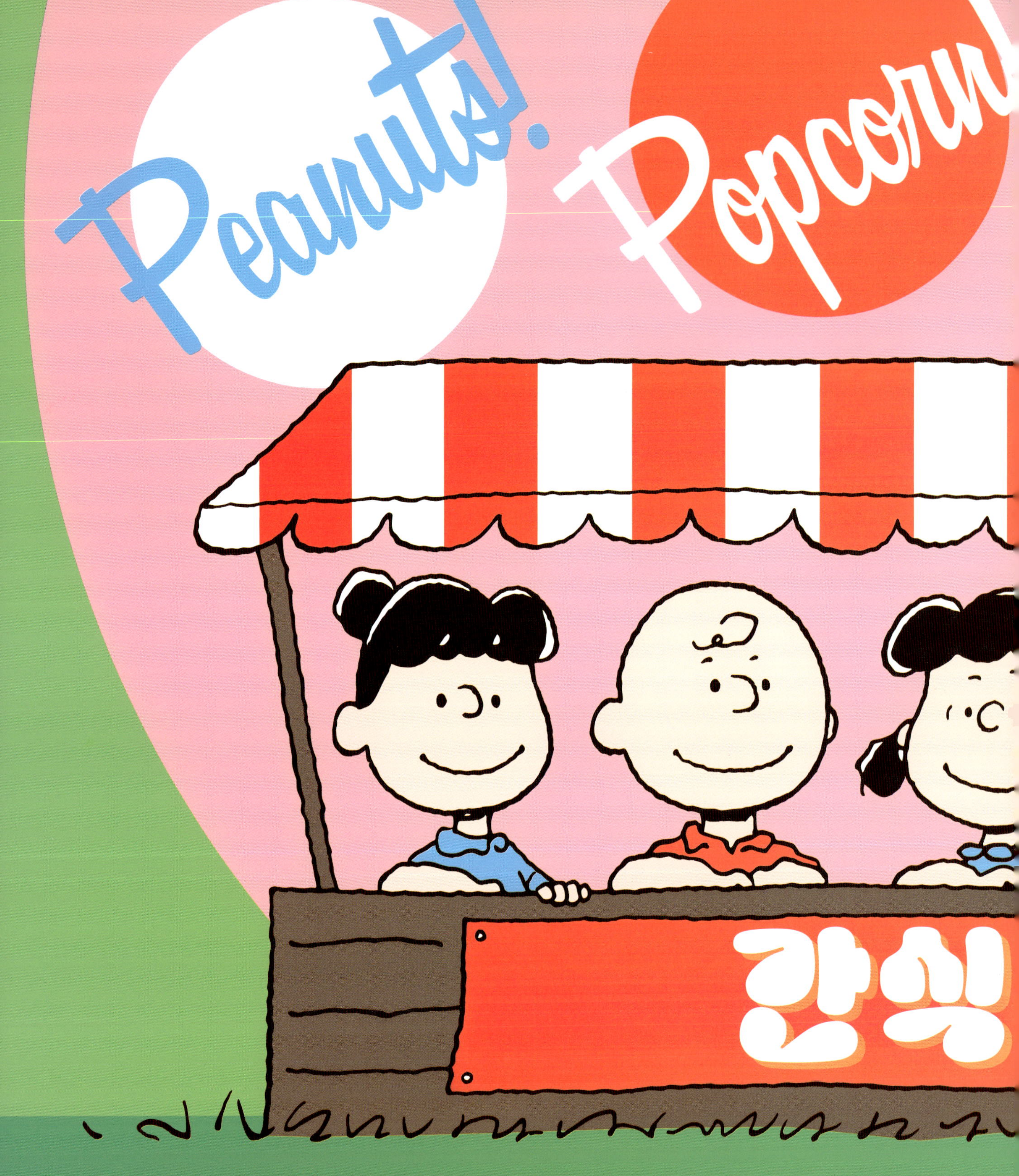

Peanuts!
Popcorn!
강식

Hot Dogs!
Everything 5¢

같이 먹을래? 10

아침은 튼튼하게 14

점심은 가볍게 42

저녁은 근사하게 64

디저트는 언제나 88

이 책을 만든 사람들 122

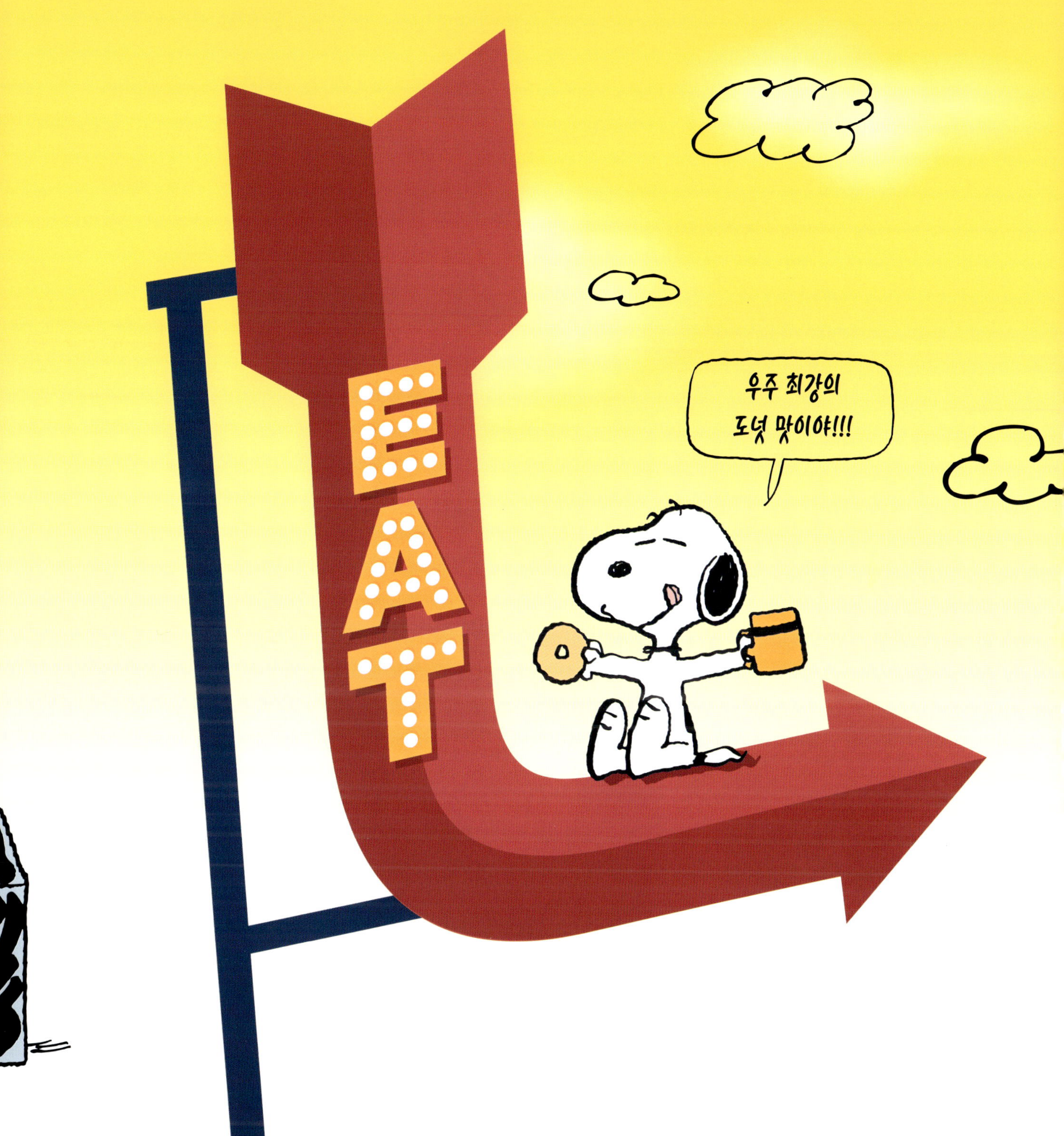
우주 최강의
도넛 맛이야!!!
EAT

피자, 도넛, 팬케이크, 아이스크림……

세상에, 전부 스누피의 친구들이 좋아하는 음식이잖아!

사실은 말이지, 이들을 탄생시킨 만화가 찰스 M. 슐츠가 맛있는 음식을 정말 좋아했고, 건강한 음식을 요리해서 함께 나눠 먹는 시간의 행복을 잘 알았어. 바로 그런 순간들을 '스누피 쿠킹' 레시피로 만들어낸 거야!

찰스 M. 슐츠에게 가족이 다 함께 마주 앉는 식사 시간은 아주 중요한 하루 일과였어. 다섯 아이들이 식탁에서 벌이는 왁자지껄 엉뚱한 행동들은 곧장 스누피 친구들의 이야기로 만들어졌지. 그러면서 아버지 슐츠는, 아이들에게는 학교 급식 시간도 중요한 대화의 장인 동시에 저마다의 혼란을 겪는 시간임도 잘 살피고 있었어.

하지만 우리의 스누피는, 뭐니 뭐니 해도 친구들이 학교에서 돌아와 모두 모이는 저녁 식사 시간을 하루 중 가장 좋아해!

© 2013 Peanuts
25¢

TILT A WHIRL
Drinks
SCHULZ

아침은 튼튼하게

따뜻한 강아지 팬케이크 16

프랑스 외인부대 토스트 19

스파이크의 사막 와플 21

귀여운 더치베이비 팬케이크 23

픽펜의 스크램블 25

에그 "오심" 베니딕트 26

우드스톡 달걀—식빵액자 28

프리다와 파론의 브로콜리—체다 프리타타 31

길쭉이 바나나빵 한입 32

격추왕 도넛 35

피넛 버터와 젤리 머핀 36

스누피의 그르르...놀라 37

루시의 꽤 맛난 오트밀 38

조 헝크의 파워 스무디 41

OOL BU
Corn
Cereal
Sally

따뜻한 강아지 팬케이크 *Warm Puppy Pancakes*

행복이란, 좋아하는 팬케이크 한 접시를 대접받는 것!
신선한 과일이나 버터, 메이플시럽을 살짝 올리면 더 좋아.

재료 (3-4인분)

중력분 밀가루 2컵
설탕 2큰술
베이킹파우더 2작은술
베이킹소다 1½ 작은술
소금 ½ 작은술
큰 달걀 2개 (가볍게 풀어두기)
전지우유 1¾ 컵
무염 버터는 2큰술 (녹여서
　　차갑게 식힌 것)과 ¼컵 (튀김 및
　　곁들이 용도)
곁들이용 메이플시럽과 베리류

만드는 법

1 큰 볼에 밀가루, 설탕, 베이킹파우더, 베이킹소다, 소금을 체로 쳐서 담아. 그러고 나서 재료를 잘 저어서 섞은 다음, 가운데를 우묵하게 만들고 거기에 달걀, 우유, 녹인 버터 2큰술을 넣고 재료가 덩이진 상태가 되도록 안쪽에서 바깥쪽 방향으로 휘저어. 너무 많이 저으면 팬케이크가 질겨지니까 주의!

2 이제 논스틱 그리들이나 무쇠 그리들을 중강불에서 예열하고 (물방울을 흩뿌렸을 때 물방울이 방울방울 굴러다니다가 곧바로 증발하면 예열이 잘 된 거야.) 녹인 버터 ¼컵을 덜어서 바른 다음 국자로 반죽의 ¼를 천천히 부어. 이때 반죽이 동그랗게 퍼지도록 가운데에 따라. (국자로 반죽을 동그랗게 펼쳐줘도 좋아.) 이렇게 반죽이 서로 닿지 않도록 따라가며 팬케이크를 여러 장 구으면 돼. 서로 닿으면 얼른 주걱으로 떼어내고.

3 2분쯤 지나면, 팬케이크 가운데에 기포가 올라와 퐁퐁 터지기 시작하고 밑면이 노릇하게 변할 거야. 그러면 주걱으로 뒤집고, 다시 뒷면이 노릇해지도록 1-2분 더 익힌 다음, 뚜껑이 없는 접시에 덜어 낮은 온도(약 93℃)의 오븐에 넣어서 보온해 둬. 같은 방식으로 나머지 팬케이크까지 마저 만들고.

4 자, 이제 팬케이크를 개인 접시에 옮기고 버터, 메이플시럽, 베리 등 좋아하는 토핑을 곁들여서 먹자!

~BASIC MENU~
Coffee
YUMMY
Speciality!
espresso
americano
Cofe latte
Drink
Coffee
Green tea
PANCAKE
S
Coffee
Coffee

PEANUTS
featuring
"Good ol' Charlie Brown"
by SCHULZ
?

\\\\
\\\\?

저건 프렌치토스트야…
가서 먹어봐…
겁낼 거 없어.

아주 사소한 문제가
하나 있긴
하지만
1-18

네 발이 시럽에
붙어버릴 수 있다는 거…

프랑스 외인부대 토스트 *French Foreign Legion Toast*

할라(challah)처럼 부드러운 빵이라면, 하루 전날 미리 썰어 둬.
그렇게 살짝 묵히면 덜 눅눅해진다는 사실!

재료 (3-4인분)

거친 프랑스 빵 또는 사워도우 빵
　(약 2cm 두께 슬라이스로 6쪽)
전지우유 1½컵
큰 달걀 4개
바닐라 추출물 1큰술
육두구 가루 ¼작은술
소금 ⅛작은술
무염 버터 2큰술
슈거파우더 (뿌리는 용도)
메이플시럽 (곁들이 용도)

만드는 법

1 큰 오븐용 접시에 빵을 한 겹으로 놓아.

2 큰 유리 계량컵에 우유, 달걀, 바닐라, 육두구, 소금을 넣고 휙휙 저어서 섞은 다음 빵에 고르게 붓고 1분 동안 놓아 두었다가, 빵을 홱 뒤집어. 이 접시를 랩으로 덮고 최소 10분, 최대 30분까지 기다리자.

3 큰 프라이팬을 중불에 올려놓고 버터를 1큰술 녹여. 버터에 기포가 오르다가 가라앉기 시작하면, 빵이 겹쳐지지 않도록 최대한 많이 올려! 한 3분쯤 지나서 밑부분이 노릇노릇 익으면 주걱으로 빵을 조심스럽게 뒤집어서 반대쪽 면도 노릇하게 익혀. 촉촉한 프렌치토스트를 원하면 2분, 바삭한 토스트를 좋아하면 3분 정도 더 굽고!

4 토스트를 뚜껑 없는 접시에 담아 낮은 온도(약 93℃)의 오븐에 넣어 보온해 두고 남은 버터 1큰술을 녹이고 같은 과정을 반복하여 토스트를 마저 만들어.

5 프렌치토스트를 개인 접시에 옮겨 담고 슈거파우더를 뿌린 뒤 메이플시럽과 먹으면 돼!

스파이크의 사막 와플 *Spike's Des[s]ert Waffles*

아침을 활기차게 시작하려면 와플이 최고!
블루베리와 딸기를 곁들이면 오아시스 같은 자연의 달콤함이 퍼져~

재료 (3-4인분)

거친 프랑스 빵 또는 사워도우 빵
  (약 2cm 두께 슬라이스로 6쪽)
큰 달걀 2개
버터밀크 1¾컵
카놀라유 ¼컵
설탕 1큰술
곱게 간 시나몬 가루 ¼작은술
베이킹소다 ¼작은술
중력분 밀가루 1½컵
베이킹파우더 2작은술
소금 ⅛작은술
곁들이용으로 버터·메이플시럽·
  베리 종류나 기호에 맞는 토핑 재료

만드는 법

1 와플 팬을 예열하고, 그사이 큰 볼에 달걀이 충분히 풀리도록 거품기로 힘차게 젓다가, 버터밀크, 카놀라유, 시나몬, 베이킹소다를 넣고 다시 잘 휘저어. 여기에 밀가루, 베이킹파우더, 소금을 넣고 큰 덩어리가 풀릴 때까지 저은 다음 반죽을 커다란 유리 계량컵에 옮겨 담자.

2 와플 팬이 뜨거워지면 반죽을 팬의 중앙에 천천히 부으며 나무 주걱이나 내열 주걱을 이용해 가장자리까지 고르게 퍼지게 해줘. 이제 팬을 덮고, 제조사의 사용설명서에 따라 4분 정도 익혀. 겉면이 노릇노릇 바삭바삭, 속은 부드럽고 폭신한 상태면 완성! (첫 번째 와플을 실패해도 괜찮아. 반죽의 양과 조리 시간을 조절해가며 나머지 와플을 만들어 봐!)

3 와플을 뚜껑 없는 접시에 옮겨 담고 낮은 온도 (약 90℃)의 오븐에 넣어둔 다음 같은 방법으로 나머지 와플을 마저 만들면 돼.

4 이제 와플을 개인 접시에 나누어 담고 버터나 메이플시럽, 베리류, 또는 기호에 맞는 토핑을 곁들여서 먹자!

귀여운 더치베이비 팬케이크 *Poor Sweet (Dutch) Baby*

졸리고, 기분이 찌뿌듯하고, 너무너무 심심한 날이면
라즈베리랑 슈거파우더를 듬뿍 올린 도톰한 오븐 팬케이크를 먹어야지!

재료 (2-4인분)

큰 달걀 3개
전지우유 ⅔컵
중력분 밀가루 ⅔컵
소금 ¼작은술
무염 버터 녹인 것 2큰술
신선한 라즈베리 약 500ml
슈거파우더 (뿌리는 용도)

만드는 법

1 오븐에 직경 30cm 오븐용 프라이팬을 넣고 220℃로 예열하자.

2 믹서기에 달걀, 우유, 밀가루, 소금을 넣고 부드러워질 때까지 섞다가. 녹인 버터 1작은술을 더하고 잘 섞여들 때까지 다시 섞어줘.

3 남은 버터 1작은술을 뜨거운 프라이팬에 넣고, 제빵용 브러시로 바닥과 옆면에 꼼꼼히 바른 다음, 반죽을 붓자! 그러고 나서 팬을 곧바로 다시 오븐에 넣고 팬케이크가 노릇하게 부풀어 오를 때까지 15-20분 정도 구워.

4 팬을 오븐에서 꺼내 라즈베리를 팬케이크 그릇에 부은 다음에 슈거파우더를 솔솔 뿌리고, 먹기 좋은 크기로 잘라서 식탁에 올리면 완성!

픽펜의 스크램블 *Pig Pen's Scramble*

달걀들을 줄 맞춰서 나란히 세우려고 애쓸 필요 없어.
스크램블은 재료들이 뒤죽박죽 섞일수록 더 맛있거든!

재료 (3-4인분)

큰 달걀 8개
전지우유 2큰술
소금과 통후추 간 것
카놀라유 1작은술
살라미 소시지 깍둑썰기해서
 약 110그램
버터 1½큰술
루콜라 어린잎 1컵 가득

만드는 법

1 큰 볼에 달걀과 우유를 넣고 소금과 후추를 한 꼬집 더한 뒤 휘휘 저어. 달걀에 부드럽게 거품이 날 때까지 계속해서 휘휘!

2 논스틱 프라이팬을 중불에 올리고 카놀라유를 데워. 거기에 살라미 소시지를 넣고 가끔 저어주며 군데군데 노릇해질 때까지 3-4분 익히지. 살라미 소시지가 잘 익으면 중약불로 줄이고 버터를 넣고 버터가 녹으면 달걀을 넣고 1분 정도 기다렸다가, 달걀이 막 익기 시작하면 내열성 고무 주걱으로 부드럽게 젓고 달걀이 반쯤 익으면 루콜라 잎을 얹고 1-2분 더 젓고. 달걀이 완전히 익을 때까지 1분 정도 더 저어. 그리고 곧장 접시에 옮겨 담아 먹으면 돼!

에그 "오심" 베니딕트 *Eggs "BadCall" Bennydict*

장담하는데, 이 에그 베네딕트는 만점짜리 아침 식사야!

재료 (3-4인분)

홀랜다이즈 소스
무염 버터 1컵
　(스프레드용으로 조금 더)
큰 달걀(노른자만) 1개
갓 짠 레몬즙 1큰술
소금 ½작은술
통후추 간 것

잉글리시머핀 2개 (반으로 가르기)
캐나다 베이컨 (돼지 등심 베이컨)
슬라이스 4개
큰 달걀 4개
잘게 다진 쪽파 2큰술

만드는 법

1 자, 홀랜다이즈 소스부터 만들 거야. 작은 냄비를 중불에 놓고 버터 1컵을 녹였다가 5분 간 식혀두고 내열 그릇에 달걀노른자, 물 1½큰술, 레몬즙을 섞어서, 끓지 않는 뜨거운 물이 담긴 냄비 위에 그릇이 물에 닿지 않도록 올린 다음, 노른자에 열기가 닿는 즉시 거품기로 휘저어. 내용물이 폭신한 거품 같은 느낌이 될 때까지 약 4분 정도 계속 저어야 해. 그런 다음 그릇을 내려서 1분쯤 살짝 식히기.

2 이제 한 손으로 녹인 버터를 노른자 혼합물에 살살 뿌리면서, 다른 손으로 계속 저어서 버터가 잘 섞이게 한 뒤 소금과 후추 한 꼬집을 더해 휘저어. 이제 수란을 만드는 동안 (5번) 그릇을 뚜껑으로 덮어두면 홀랜다이즈 소스 완성! (소스는 불을 끈 뒤 끓지 않는 뜨거운 물 위에 올려 최장 30분까지 따뜻하게 유지할 수 있어.)

3 잉글리시머핀을 반으로 잘라 토스터나 토스트 오븐에 구운 다음, 자른 면에 버터를 발라 버터면이 위로 올라오도록 각 접시에 2개씩 놓고, 낮은 온도(약 90℃)의 오븐에 넣어 보온해.

4 물기 없는 논스틱 프라이팬을 중강불에 두고, 베이컨이 노릇노릇 바삭한 식감이 되도록 앞뒤로 1-3분씩 재빨리 구운 다음, 스텐 팬에 옮겨 담아 오븐에 넣어 따뜻하게 유지해.

5 이제 수란을 만들 차례야. 뚜껑이 있는 깊고 큰 소테 팬에 물을 넉넉히 넣고 끓이다가 증류한 백식초나 레몬즙을 1작은술 넣고 불을 꺼. 달걀을 한 번에 1개씩 깨서 받침 접시에 담은 뒤에 수면 바로 아래로 조심스레 담궈(수란 용기에 깨뜨려 물에 담가도 돼). 수란은 한 번에 2-3개 정도만 만들어. 뚜껑을 닫고, 반숙란을 원하면 3분, 완숙란을 원하면 5분을 기다렸다가 거름망 스푼을 이용하여 달걀을 뚜껑이 있는 그릇에 옮겨 담고, 다시 물을 끓인 뒤 같은 과정을 반복해.

6 머핀과 베이컨을 오븐에서 꺼내서, 구운 머핀 위에 각각 베이컨을 한 조각씩 올리고 거름망 스푼으로 수란을 떠서, 먼저 종이타월로 물기를 제거한 뒤 베이컨 위에 툭 얹어놔! 그리고 숟가락으로 홀랜다이즈 소스를 듬뿍 떠서 수란을 덮고, 쪽파를 뿌려서 식탁에 내면 완성!

우드스톡 달걀-식빵액자 Woodstock's Eggs-in-a-Frame

오늘 아침 식탁 위에 올라온, 바삭바삭한 토스트 위에 올라온
우드스톡 모양의 달걀이라니! 오늘은 대체 얼마나 재미난 하루가 펼쳐질까!

재료 (3-4인분)

상온에 둔 버터 4큰술
  (조리용으로 조금 더)
통밀식빵 4조각, 또는
  좋아하는 식빵 4조각
큰 달걀 4개
소금과 통후추 간 것

만드는 법

1 버터를 1-2작은술만 남기고 빵의 양면에 듬북듬북 바른 다음, 한 7-8cm 원형 커터로 빵의 가운데 부분을 동그랗게 잘라내.

2 넓은 논스틱 프라이팬이나 그리들 팬을 중불에 놓고, 나머지 버터를 녹이며 골고루 펴 바르지. 팬이 달궈지고 버터가 녹으면 잘라낸 부분까지 포함하여 빵 2조각을 팬에 나란히 올려.

3 빵의 구멍 안쪽에 버터를 살짝 두르고, 달걀을 1개씩 구멍에 깨뜨려 넣고는 소금과 후추를 톡톡! 달걀이 불투명해지기 시작할 때까지 2-3분 익히는데, 가끔 흰자를 찔러 익지 않은 부분이 바닥으로 흐르게 한 다음, 주걱을 빵 밑으로 집어넣어 달걀과 함께 조심스럽게 뒤집어. 흰자만 완전히 익고 노른자는 익기 전까지 약 30초 더 조리하고 잘라냈던 둥근 조각도 뒤집어 양쪽이 노릇노릇해질 때까지 구워.

4 빵 액자 안의 달걀을 둥근 토스트와 함께 접시에 담아 곧바로 먹으면 끝! 나머지 빵과 달걀, 버터로 위의 과정을 반복해서 먹고 싶은 만큼 더 만들어 봐.

프리다와 파론의 브로콜리-체다 프리타타

Frieda & Faron's Broccoli & Cheddar Frittata

겁먹지 마! 브로콜리가 뭐가 무섭다고 그래?
게다가 이건 치즈와 어우러진 맛있는 프리타타잖아!

재료(3-4인분)

큰 달걀 10개
체다 치즈 ½컵
전지우유 1큰술
잘게 다진 마조람 1작은술
소금과 통후추 간 것
올리브유 1큰술
브로콜리 1개 (송이를 잘게 자르기)

만드는 법

1 우선 오븐을 약 218℃로 예열해 두고, 큰 볼에 달걀, 치즈, 우유, 마조람을 넣고 소금과 후추를 각각 한 꼬집씩 더한 뒤 휘젓자.

2 직경 26cm 오븐용 논스틱 프라이팬에 오일을 두르고 중불에 올려. 팬이 달궈지면 브로콜리와 소금 한 꼬집을 넣은 다음, 중약불로 줄이고 달걀 섞은 것을 부어서 살살 저으며 익히지. 계란물이 굳기 시작하면 2-3분 두어서 달걀 가장자리가 익기 시작할 때 프라이팬을 오븐으로 옮기고, 달걀이 익어 가운데가 단단해질 때까지 5분 더 구워.

3 가장자리를 주걱으로 살살 떼어낸 뒤 프리타타를 미끄러뜨려 도마에 올리고 4-6조각으로 잘라 따뜻하게 내거나, 상온에 두었다 식탁에 올리면 완성.

길쭉이 바나나빵 한입 *Banana Nose Bread Bites*

갈색으로 변한 바나나를 왜 버려?
푹 익은 바나나로 빵을 만들면 향이 더 달콤하고, 으깨기도 더 쉬운걸!

재료
(약 23*13cm 크기의 빵 한 개)

상온에 둔 무염 버터 6큰술
   (기름칠 용도로 조금 더)
중력분 밀가루 2컵
   (뿌리기 용도로 조금 더)
설탕 1컵
푹 익은 바나나 2-3개
   (적당히 으깨서 1½컵 분량)
큰 달걀 3개 (살짝 풀어두기)
버터밀크 ½컵
베이킹소다 1작은술
베이킹파우더 1작은술
육두구 곱게 간 것 1작은술
소금 ½작은술

만드는 법

1 오븐을 180℃로 예열해 두고 23x13cm 제빵용 틀에 기름을 바르고 밀가루를 살짝 뿌려.

2 볼에 버터와 설탕을 넣고 혼합기를 장착한 반죽기로 중간 속도로 1분쯤 섞다가, 크림 질감이 되면 바나나와 달걀을 넣고 부드러워질 때까지 휘휘 젓고, 거기에 버터밀크까지 넣고 섞일 때까지 계속 저어.

3 다른 볼에 밀가루, 베이킹소다, 베이킹파우더, 육두구, 소금을 넣고 저어. 이 가루 재료 섞은 것을 바나나 혼합물(2번)에 넣고 잘 섞어줘. 반죽은 약간 덩이진 상태가 좋아.

4 이제 틀(1번)에 반죽을 붓고(틀의 ⅔를 넘지 않게!) 55-60분쯤 구워. 빵이 짙은 황갈색으로 변하면, 이쑤시개로 찔렀을 때 묻어나오는 것이 없으면, 틀에 5분쯤 놔뒀다가 철망 위로 꺼내서 완전히 식히고, 두껍게 썰어서 식탁에 내면 완성!

5 남은 빵은 랩으로 빈틈없이 싸서 보관하면 돼. 실온에서는 하룻밤, 냉장고에 넣으면 5일까지 먹을 수 있을 거야.

PEANUTS
featuring
flitter flitter flitter
"Good ol' CharlieBrown"
by SCHULZ

안녕,
깃털아!

우드스톡은
"깃털"이라고
부르면 질색하지.

하하하하히!

바나나
코라고?!

하하하하히!

그나마 비껴서 다행이다…

격추왕 도넛 *Flying Ace Doughnuts*

맛있는 도넛 한 접시면 어떤 적이라도 거뜬히 물리칠 수 있어!

재료 (도넛 10개와 구멍 10개 분)

중력분 밀가루 1¼컵
   (뿌리는 용도로 조금 더)
박력분 밀가루 1컵
베이킹파우더 1작은술
베이킹소다 ½작은술
곱게 간 육두구 ½작은술
소금 ½작은술
큰 달걀 1개
과립 설탕 ½컵
버터밀크 ½컵
무염 버터 녹인 것 1큰술
바닐라 추출물 1작은술
카놀라유 (튀김 용도)
슈거파우더 (뿌리기 용도)

만드는 법

1 큰 볼에 밀가루, 베이킹파우더, 베이킹소다, 육두구, 소금을 체로 쳐서 담아. 다른 볼에는 달걀과 과립 설탕을 넣고 전기 믹서를 저속으로 돌리거나 혼합기가 장착된 반죽기로 크림 같은 질감에 옅은 색이 나올 때까지 섞다가, 버터밀크와 녹인 버터와 바닐라 추출물을 넣고 잘 섞일 때까지 저어. 여기에 밀가루 섞은 것을 넣고 반죽이 부드럽게 잘 버무려질 때까지 역시 저속으로 섞어준 다음, 뚜껑을 덮고 반죽이 단단해질 때까지 최소 30분에서 최대 1시간 동안 냉장고에 넣어둬.

2 작업대에 밀가루를 넉넉하게 뿌린 뒤, 반죽을 지름 25cm, 두께 약 1.3cm 크기로 동그랗게 펴서, 지름 7.5cm 정도의 동그란 도넛 커터로 최대한 동그라미를 잘라내자. 남은 반죽은 다시 뭉쳤다가 펴서, 다시 자르는 과정을 반복하면 돼.

3 제빵용 판에 종이타월을 깔고, 깊고 무거운 소테 팬에 기름을 한 5cm 높이로 채운 뒤, 중강불에 올려 튀김용 온도계가 180℃로 올라갈 때까지 끓여.

4 2-5개의 도넛이나 도넛 구멍을 뜨거운 기름에 조심히 집어넣어, 짙은 황금빛으로 변할 때까지 1분 30초 정도 튀기다가, 부젓가락으로 도넛을 뒤집어 반대쪽 면도 짙은 황금빛이 될 때까지 약 1분 더 튀겨. 그물망 스푼으로 도넛을 건져내 종이타월을 깔아둔 제빵용 판에 놓고 식혀줘. 나머지 분량도 같은 방식으로 튀겨내는데, 과정을 반복할 때마다 기름의 온도를 180℃로 맞추는 걸 잊지 마.

5 도넛과 도넛 구멍을 접시에 가지런히 담고, 망이 고운 체로 도넛에 슈거파우더를 솔솔~ 왕창~ 뿌려서 곧장 식탁에 올리면 끝!

피넛 버터와 젤리 머핀 *Peanuts Butter & Jelly Muffins*

이 맛있는 머핀을 친구들과 아침식사로 나눠 먹자.
단, 젤리가 얼굴에 묻지 않도록 조심하고!

재료 (머핀 12개 분)

무염 버터 녹인 것 6큰술
  (기름칠 용도로 조금 더)
중력분 밀가루 2컵
설탕 ¾컵
베이킹파우더 1큰술
베이킹소다 ½작은술
소금 ½작은술
큰 달걀 2개
바닐라 추출물 1작은술
아몬드 추출물 ¼작은술
사워크림 1¼컵
젤리나 씨가 없는 잼 종류 ½컵

만드는 법

1 오븐을 190℃로 예열하고, 표준 12구 머핀 팬에 버터를 발라.

2 큰 볼에 밀가루, 설탕, 베이킹파우더, 베이킹소다, 소금을 넣어 섞어.

3 다른 큰 볼에 녹인 버터, 달걀, 바닐라 추출물, 아몬드 추출물, 사워크림을 넣고 부드러워질 때까지 휘저어. 여기에 가루 재료들(2번)을 조금씩 섞어가며 고르게 스며들 때까지 저으면, 반죽 덩어리가 만들어져. 지나치게 많이 젓지 않도록 조심하자.

4 숟가락으로 반죽을 떠서 머핀 컵마다 ⅓씩 넣고, 각 컵마다 젤리를 한 티스푼 수북이 채운 다음, 다시 컵 입구까지 반죽을 가득 채우지.

5 20-25분쯤 구우면 머핀이 노릇노릇해지고 만졌을 때 탄력이 느껴질 거야. 그러면 팬을 철망 위로 옮겨서 5분 동안 식혔다가 머핀을 꺼내. 이 따뜻한 머핀은 이제 언제든 맛있게 먹으면 돼.

스누피의 그르르...놀라 *Snoopy's Grrr...nola*

세상에 하나뿐인 나만의 그래놀라를 만들어 볼 거야. 어떻게 만드냐고?
건포도, 건크랜베리, 해바라기씨, 초콜릿 칩 등등 좋아하는 걸 다 넣으면 돼.
(건과일과 초콜릿은 다 구운 다음에 휘휘 섞어 넣으면 끝!)

재료 (4인분)

압착 귀리 2컵
밀기울 ½컵
적당히 다진 호두 ¼컵
흰 참깨 ¼컵
잘게 조각낸 단 코코넛 ¼컵
껍질을 벗긴 날 호박씨 ¼컵
카놀라유 2큰술
꿀 3큰술
곱게 간 시나몬 가루 1작은술
말린 커런트 ¼컵 또는
　기호에 맞는 건과류

만드는 법

1 그릴 팬을 가장 낮은 받침대에 놓고 예열하자.

2 큰 볼에 귀리, 밀기울, 호두, 참깨, 코코넛, 호박씨를 섞은 다음, 테두리가 있는 팬에 고르게 펼쳐서, 그릴 문을 살짝 열어둔 채 2-3분 구워. 이때 내용물이 포개지지 않도록 30초마다 한 번씩 팬을 흔들어주면서, 타지 않고 노릇노릇하게 구워지도록 눈을 부릅뜨고 계속 지켜봐야 해. 그런 다음 넓은 접시에 옮겨 담아 식히지.

3 작은 소스 냄비를 약불에 올리고 카놀라유, 꿀, 시나몬을 넣어 2분 정도 따뜻하게 데워. 큰 볼에 꿀 혼합물의 반을 덜고 그래놀라와 완전히 섞이도록 잘 뒤적여. 그래놀라가 뭉쳐지되 너무 묽어지지 않도록 나머지 꿀을 조금씩 덜어 넣어. 그러고 나서 커런트를 넣어서 저어주고. 밀폐 용기에 담아 서늘하고 건조한 곳에 두면 2주까지 보관할 수 있어.

루시의 꽤 맛난 오트밀 *Lucy's Pretty Good Goop*

따뜻한 오트밀은 추운 아침 미친 과학자들이 제일 좋아하는 아침 식사야.
귀리에 살구, 바나나, 건포도 등 좋아하는 토핑을 마음껏 얹어서 먹어봐.

재료 (2인분)

전지우유 2컵
압착 귀리 1컵
소금
무염 버터 2큰술
황설탕 1큰술 가득

만드는 법

1 작은 냄비에 우유, 귀리, 소금 한 꼬집을 섞고 센 불로 끓여. 나무숟가락을 계속 저어주고, 내용물이 끓기 시작하면 중불로 줄여서 걸쭉해질 때까지 4분쯤 더 저어.

2 오트밀을 그릇에 나누어 담고, 각각 버터 1큰술을 얹고, 황설탕을 반씩 뿌려서 바로 식탁에 올리면 끝!

조 헝크의 파워 스무디 *Joe Hunk's Power Smoothie*

이 맛있고 몸에도 좋은 과일 종합 선물세트로 하루를 활기차게!
베리류가 별로라면 바나나, 복숭아, 멜론 등 좋아하는 과일로 얼마든지 바꿔도 돼.

재료 (4인분)

꼭지를 딴 딸기 2컵
블루베리 1컵
블랙베리 1컵
플레인 요거트 1컵
얼음 1컵
꿀

만드는 법

1 딸기, 블루베리, 블랙베리, 요거트, 얼음을 믹서에 넣고 부드러워질 때까지 들들 갈아. 맛을 보아가며 꿀을 넣어 단맛을 맞추고.

2 스무디를 차가운 유리잔에 따라 마시면, 봐, 스누피도 금방 멋진 근육의 조 헝크로 변신할 수 있다고!

점심은 가볍게

개밥 수프 44

우주 최강의 미네스트로네 수프 46

찰리 브라운의 통옥수수 47

루시의 통 큰 샐러드 48

샐리의 쉬림-프루이 51

슈로더의 과일 범벅 53

조 슐라보트닉의 야구 간식 54

비글 스카우트 트레일 믹스 57

루시의 레몬-에이드 60

스누피의 과일 주스 소다 팝 63

개밥 수프 *Dog Food Soup*

아파서 누워 있을 때도, 그저 바람 거센 추운 날 집에 있고 싶을 때도,
따끈한 개밥 수프만 한 것이 없지! (사람한테도 딱 좋다고!)

재료 (4인분)

저염 닭고기 육수 6컵
껍질 벗긴 닭가슴살 순살 1개 (200g)
양파 1개 (잘게 다지기)
당근 2개 (껍질을 벗겨서 길게 2등분한
뒤 얇게 채썰기)
셀러리 2대 (질긴 겉 섬유질 제거하고
　얇게 썰기)
달걀국수 건면 얇은 것 55g 정도
파슬리 가루 1큰술
소금
곱게 간 후추

만드는 법

1 큰 냄비에 육수를 붓고 중불에서 뭉근히 끓이다가, 닭가슴살을 넣고 분홍색이 사라질 때까지 8-10분 부드럽게 익혀. 불을 끄고 육수째로 식힌 다음, 닭가슴살을 꺼내 2.5cm 크기로 깍둑썰기를 해서 그릇에 담아두지.

2 육수를 다시 중불에 올리고 양파, 당근, 셀러리를 넣어. 채소들이 부드러워질 때까지 10분 정도 뭉근히 끓이면서 거품이 올라오는 대로 걷어내.

3 썰어둔 닭가슴살에 달걀면, 파슬리를 넣고 소금과 후추를 입맛에 맞게 뿌린 다음, 국수가 부드러워질 때까지 3분 정도 끓여.

4 국자로 수프를 그릇에 담아 곧바로 내면 끝.

우주 최강의 미네스트로네 수프

Masked Marvel Minestrone Soup

뭘 먹을까, 왜 고민해? 여기 경이로운 수프의 고전이 있잖아!

재료 (6-8인분)

엑스트라버진 올리브유 1큰술

잘게 썬 양파 ¾컵

마늘 2쪽 (다진 것)

케일 2대 (잘 헹궈서 줄기를 뗀 다음
 잎을 대강 썬 것)

저염도의 닭고기 육수나 채소 육수 6컵

잘게 썬 토마토 캔 1개 (400g)

그린빈, 당근, 완두콩, 옥수수 등
 냉동 채소 믹스 1½컵

콜리플라워 꽃송이 부분 1컵
 (한 입 크기로 자른 것)

소금과 통후추 간 것

작은 파스타 ½컵

흰 강낭콩 통조림 ¾컵

만드는 법

1 수프 냄비를 중약불에 올려 데우고, 양파를 넣어 한 번씩 저어가며 부드러워질 때까지 7-10분 익혀. 양파를 볶는 동안 파스타를 요리할 냄비에 물을 담아 불에 올리고, 양파 냄비에는 마늘을 넣고 때때로 저어주며 숨죽기 시작할 때까지 1분간 익혀. 다시 육수, 토마토와 즙, 냉동 채소, 콜리플라워를 넣고 강불에서 한소끔 끓인 다음, 중불로 줄여 채소가 아삭하면서도 부드러운 상태가 될 때까지 5분 더 끓여.

2 파스타 냄비의 물이 끓으면 소금 ¼작은술을 넣고 파스타 면을 넣어. (면이 쫄깃쫄깃해지도록 약 7분 익히거나, 포장지에 적힌 조리법대로 요리하면 돼.) 면의 물기를 빼고, 수프에 넣어. 그린빈도 체에 받쳐 씻어내고 물기를 뺀 다음 수프에 넣은 다음, 그린빈이 완전히 데워질 때까지 5분 더 끓여. 소금과 후추로 간을 맞추고.

3 국자로 수프를 떠서 그릇에 각각 담아 식탁에 내면 완성. 남은 수프는 뚜껑이 있는 용기에 담아 냉장실에서 5일, 냉동실에서 6개월까지 보관할 수 있어.

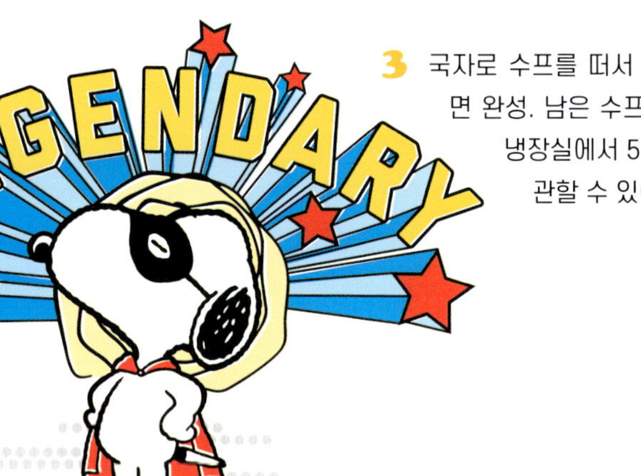

찰리 브라운의 통옥수수 *Charlie Brown's Cobbettes*

통째로 먹는 옥수수는 재미있고 맛있는 여름 간식이지.
마늘 향이 솔솔 나는 이 버터로 구우면 특히 별미라고!

재료 (4인분)

마늘 1통
엑스트라버진 올리브유 1작은술
상온의 가염 버터 4큰술
겉껍질과 수염을 제거한 옥수수 4대

만드는 법

1 큰 오븐을 200℃로 예열해. 통마늘은 위쪽의 ⅓을 자르고, 자른 면이 위로 오도록 알루미늄 호일 위에 올려서 올리브유를 뿌리고 호일로 빈틈없이 잘 감싼 다음, 마늘이 알알이 부드러워질 때까지 25분 동안 구워. 호일을 벗겨 살짝 식힌 다음, 얇은 겉피째로 꽉 짜내 작은 그릇에 담아. 버터를 넣고 포크로 잘 섞어주고.

2 옥수수를 모두 3등분하여 잘라. 큰 냄비에 ¾까지 물을 채워 강불로 끓여서, 옥수수를 넣고 포크로 찔렀을 때 알맹이에 부드러운 느낌이 들 때까지 5-7분 삶아. 부젓가락으로 옥수수를 꺼내 접시에 옮겨 담고, 마늘 향이 나는 버터와 함께 뜨거울 때 내면 좋아. 하지만 상온으로 두고 식혀서 먹어도 정말 맛있지!

루시의 통 큰 샐러드 Lucy's Big Salad

너무 복잡하게 생각하지 마.
크루통을 얼마나 넣을지, 파마산 치즈 가루를 얼마나 뿌릴지, 정답은 없으니까.

재료 (4인분)

사워도우 빵이나 질감이 거친 통밀빵
  (약 2.5cm 정육면체로 자른 것) 2컵
엑스트라버진 올리브유 3큰술과 ⅓컵
소금 1작은술
통후추 간 것 1작은술
마늘 3쪽
앤초비 필렛 4점(취향에 따라
  곁들이용으로 조금 더)
우스터소스 1작은술
레드와인 식초 2작은술
로메인 상추 2통
  (속잎을 낱장으로 떼어서 준비)
큰 달걀 1개
파마산 치즈 간 것
  (샐러드에 얹는 용도)

만드는 법

1 먼저 크루통(바삭하게 튀긴 작은 빵조각)을 만들자. 오븐을 175℃로 예열하고, 오븐용 팬에 빵 조각들을 펼쳐 놓고 올리브유 3큰술, 소금 ½작은술, 후추 ½작은술을 부려서, 오븐에 넣고 한두 번 뒤집으며 노릇노릇해질 때까지 15분 구워. 이제 팬에서 덜어내 식히면 크루통 완성.

2 샐러드 볼에 마늘을 넣고, 나머지 소금 ½작은술을 뿌린 후 포크로 으깨. 앤초피 필렛 4점도 넣고 으깨. 우스터소스, 식초, 나머지 후추 ½작은술을 넣고 휘휘 저어. 저으며 남은 올리브유 ⅓컵을 조금씩 따르며 걸쭉한 드레싱 소스를 완성.

3 상추 잎과 크루통의 ¾를 드레싱과 소스와 함께 살살 버무리다가, 달걀을 깨서 넣고 다시 잘 섞고, 그 위에 남은 크루통을 얹어. 파마산 치즈 가루를 샐러드에 뿌리고 곧바로 내면 돼. 원할 경우 앤초비 필렛을 곁들여도 되고.

주의! 이 요리에는 날달걀이 들어 있는데, 날달걀이 싫다면 빼도 괜찮아.

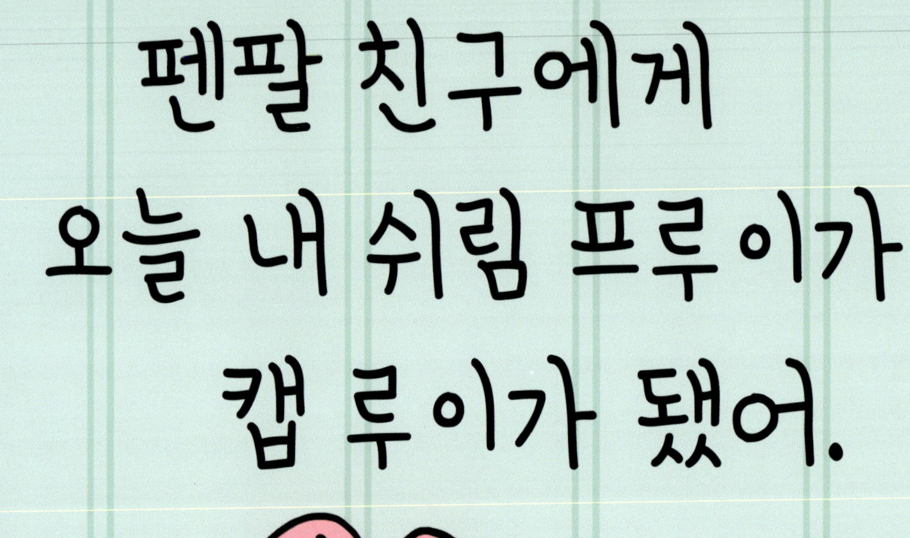

펜팔 친구에게
오늘 내 쉬림 프루이가
캡 루이가 됐어.

샐리의 쉬림-프루이 Sally's Shrim Plooey

이 샐러드는 블랙올리브나 아스파라거스 피클 등 입맛대로 재료를 더해
'나만의 샐러드'를 뚝딱 만들어낼 수 있어서 최고야!
게다가 사우전드아일랜드 드레싱으로 온통 뒤덮어도 문제 없다고.

재료 (4인분)

마요네즈 ⅔컵
시판 칠리소스 ⅓컵
스위트 피클 렐리시 2큰술
소금과 통후추 간 것
양상추 1통 (잘게 썰기)
오이 ¼개 (얇게 썰기)
작은 새우 익힌 것 450g
잘 익은 아보카도 1개 (씨 빼고
　껍질 벗겨서 썰어두기)
완숙 달걀 2개 (4등분 해두기)
빨간 방울토마토 8개

＊'렐리시'는 신맛이 나는 과일이나 초절임
채소에 양념을 더해 뭉근히 끓여 만든 걸쭉
한 소스야.

만드는 법

1 작은 볼에 마요네즈, 칠리소스, 렐리시를 넣고, 취향에 맞게 소금과 후추를 더하여 한데 섞어. 그러고 나서 뚜껑을 턱 덮어서 필요할 때까지 냉장고에 넣어둬.

2 큰 그릇에 상추와 오이를 잘 섞어 담고, 중앙에 새우를 올리고, 그 주변으로 아보카도 슬라이스와 4등분한 달걀, 토마토를 가지런히 담지.

3 거기에 스푼으로 드레싱을 떠서 해산물 위에 뿌린 뒤 식탁에 내면 끝.

슈로더의 과일 범벅 *Schroeder's Fruit Medley*

복숭아와 천도복숭아 같은 씨 있는 과일류는,
특히 단맛을 살짝 가미하면 아름다운 화음을 만들어내지!

재료 (4–6인분)

설탕 ¼컵

신선한 민트 다진 것 2큰술

라임 껍질 강판에 간 것 2작은술

복숭아 2개 (씨 제거하고 1.3cm
　　두께로 썰기)

천도복숭아 2개 (씨 제거하고
　　1.3cm 두께로 썰기)

씨 없는 포도 1컵 (포도알 2등분)

라임 1개 (즙 내기)

칸탈루프 멜론 또는 다른 멜론 ½개
　　(씨와 껍질을 제거하고 1.3cm 크기
　　로 깍둑썰기를 하거나 종이처럼 얇
　　게 슬라이스 썰기)

만드는 법

1 작은 볼에 설탕, 민트, 라임 껍질을 넣고 잘 섞어.

2 큰 그릇에 복숭아, 천도복숭아, 멜론, 포도를 넣고 뒤섞다가, 라임 즙을 조금씩 부으며 살살 저어 잘 버무려. 거기에 설탕 혼합물(1번)을 뿌리고 고르게 버무려지도록 한두 번 뒤적인 뒤 식탁에 올리면 끝.

조 슐라보트닉의 야구 간식 *Joe Shlabotnik's Baseball Snack*

이 재미있는 간식으로 홈런을 쳐봐!
견과류 대신 건포도, 건크랜베리, 건체리를 넣으면 달콤짭짤한 간식 완성.

재료 (3-4인분)

무염 버터 1큰술
우스터소스 1작은술
설탕 ½작은술
소금 ¼작은술
양파 파우더 ⅛작은술
마늘 파우더 ⅛작은술
첵스 시리얼 1컵
미니 프레첼 ½컵
각종 견과류 ¼컵

만드는 법

1 오븐을 120℃로 예열해 두고, 크고 얕은 팬에 약불로 버터를 녹여. 우스터소스, 설탕, 소금, 양파 파우더, 마늘 파우더를 넣고 잘 섞다가, 시리얼과 프레첼, 견과류를 넣고 살살 뒤적여서 버터 양념을 잘 입힌 다음, 얕은 베이킹 접시에 고르게 펴 담아.

2 10분마다 저어주며 바삭바삭해질 때까지 약 45분 구운 다음, 완전히 식혀. 완성된 간식을 밀폐 용기나 간식 봉지에 소분하여 담고 야금야금 꺼내먹으면 정말 행복해지지.

비글 스카우트 트레일 믹스 Beagle Scouts Trail Mix

"늘 준비되어 있어라!" 먼 숲으로 모험을 떠날 때나 뒷마당을 탐험할 때나,
비글 스카우트는 늘 간식이 준비되어 있어야 한다!

재료 (4-6인분)

아몬드, 땅콩, 캐슈넛
말린 과일 (크랜베리, 체리,
　　파인애플, 망고)
바나나 칩
고래밥, 혹은 재미난 크래커
건포도
미니 프레첼
껍질 깐 해바라기씨
초콜릿 칩
팝콘
코코넛 플레이크

만드는 법

커다란 볼에, 열거한 재료들 중 자신이 좋아하는 재료들을 동일한 양으로 담아 섞어.
그걸 밀폐 용기에 넣으면 3-5일까지 보관이 가능하다는 사실!

MARSHMALLOWS

루시의 레몬-에이드 *Lucy's Lemon-aid*

갈증이 심한 뜨거운 여름날, 루시의 500원짜리 레몬-에이드 한 잔이면
얼마나 어마어마하게 시원하고 상쾌해지는지 모른다고!

재료 (5인분)

설탕 1½컵
물 5½컵
메이어레몬 10개
얼음

*'메이어레몬'은 레몬과 오렌지를 접붙인
감귤류야.

만드는 법

1 작은 냄비에 물 1½컵과 설탕을 넣고 중간 불로 끓이다가, 중약불로 줄이고 설탕이 완
전히 녹을 때까지 약 10분 동안 뭉근히 끓여. 그런 다음 불을 끄고 식혀.

2 레몬은 반으로 잘라 씨를 대강 털어낸 다음, 큰 계량컵에 즙을 짜내고 떨어져 나온 씨들
을 말끔히 없애. 즙의 양은 1½컵 정도 되어야 해.

3 긴 물병에 얼음을 채우고 레몬즙, 설탕물 1컵, 남은 물 4컵을 부은 다음, 부드럽게 저어.
단맛을 확인하며 취향에 따라 설탕 끓인 물을 더 넣어도 좋아.

4 잔에 얼음을 채우고, 레모네이드를 따라 내면 완성.

LUCY, INC.
LEMONADE 5¢
LEMON KISSES 49¢
LEMON BURGER 25¢
LEMON SEEDS 5¢
IRREGULARS 1¢ OFF
LEMON LESSONS 10¢
MS. LUCY VAN PELT, PROP.
IS IN
SCHULZ

made with
REAL
fruit juice
SODA
POP
12 FL OZ (355 mL)

스누피의 과일 주스 소다 팝 Snoopy's Fruit Juice Soda Pop

신선한 과일 향이 폭발하는 나만의 탄산음료 만들기!
라임 즙 대신 라즈베리나 망고를 믹서로 갈아 퓌레를 만들면 다른 과일 향의 음료가 되지.

재료 (4-6인분)

설탕 2½컵
물 2½컵
라임 12개
얼음
탄산수 4컵

만드는 법

1 작은 냄비에 설탕과 물을 넣고 중간 불로 끓이다가, 중약불로 줄이고 설탕이 완전히 녹을 때까지 약 10분 뭉근히 끓인 다음, 불을 끄고 식혀.

2 라임을 반으로 잘라 씨를 털고, 큰 계량컵에 라임 즙을 짜낸 다음 나머지 씨들을 말끔히 제거해.

3 물병에 얼음을 채우고 설탕물 2컵, 라임 즙, 탄산수를 붓고 살살 저어. 단맛은 맛을 보며 취향에 따라 설탕물을 추가해.

4 차가운 유리잔에 주스를 부으면 완성.

저녁은 근사하게

패티의 치즈 듬뿍 샌드위치 66

스누피의 골프채 샌드위치 68

오스마 선생님의 최애 치킨 파이 69

라이너스의 이불 덮은 돼지 71

호세의 "스웨덴식" 미트볼 73

캠프 캄프 칠리 차우 75

매력남 조 쿨, 슬로피-조 쿨 76

프리다의 천연 곱슬 페스토 파스타 79

코맥 앤드 치즈 80

스누피의 월드-스타 피자 82

찰리 브라운의 매울락-말락-엔칠라다 87

ROOT BEER
Bak
Sal
JOE COOL

패티의 치즈 듬뿍 샌드위치 *Patty's Melt*

체다치즈, 스위스치즈, 아메리칸치즈 등 다른 종류의 치즈로
사르르 녹는 나만의 패티 만들기 도전!

재료 (4인분)

다진 소고기 약 450g
소금과 통후추 간 것
버터 4큰술
슬라이스 빵 8조각
슬라이스 치즈 4조각

*'멜트'는, 치즈가 녹아내리는 뜨거운 샌드위치야.

만드는 법

1 다진 소고기로 지름 9센티미터, 두께 2cm의 패티를 4장 만들고, 소금과 후추로 간을 맞춰.

2 논스틱 프라이팬에서 아랫면이 노릇해질 때까지 중강불로 3-5분 튀기듯 구워. 고무주걱으로 패티를 조심스럽게 뒤집어 기호에 맞는 굽기로 익히는데, 미디엄으로 익힐 경우 3-5분 정도면 돼. 패티를 접시에 옮겨 담아.

3 프라이팬을 깨끗이 닦고, 이번에는 빵의 한쪽 면에 버터를 바르고, 버터 면이 밑으로 가도록 해서 2쪽만 구워. 빵 위에 익힌 패티와 슬라이스 치즈를 올린 다음, 아직 굽지 않은 빵을 버터 바른 면이 위로 올라오도록 얹어. 약 2분 뒤에 맨 아래 빵이 노릇노릇하게 익으면 통째로 뒤집고, 뒤집은 면이 노릇노릇해질 때까지 2분 더 구워.

4 뚜껑이 없는 접시에 옮겨 낮은 온도(약 93℃)의 오븐에 넣어 보온해둔 다음, 같은 방식으로 나머지 샌드위치를 완성하고 한 번에 내면 돼.

스누피의 골프채 샌드위치 *Snoopy's Gold Club Sandwich*

칠면조와 베이컨, 토마토, 상추의 맛있는 조합으로 완성되는
이 유명한 샌드위치는, 유명한 프로 골퍼에게 제격이지!

재료 (샌드위치 1개분)

통밀빵 슬라이스 3조각
구운 칠면조 가슴살 슬라이스 3조각
소금과 통후추 간 것
마요네즈 2큰술
버터양상추 잎 3장
작은 토마토 슬라이스 4조각
베이컨 익힌 것 2조각

만드는 법

1 빵은 살짝 구워서, 칠면조 슬라이스를 올리고 소금과 후추로 양념해. 나머지 2조각의 빵에는 마요네즈를 바르고, 그 중 1조각은 마요네즈 면이 위를 보도록 하여 칠면주 위에 올려. 그 위에 상추와 토마토 슬라이스를 올리고, 나머지 한 조각의 빵을 마요네즈 바른 면이 아래를 향하도록 하여 얹어서 살며시 꾸욱 누르자.

2 샌드위치 양끝의 가운데 부분에 이쑤시개 2개를 깊이 꽂고, 잘 드는 칼로 샌드위치를 반으로 쓱싹 잘라주면 완성.

오스마 선생님의 최애 치킨 파이

Miss Othmar's Favorite Chicken Pie

세상에서 가장 훌륭한 선생님을 위한, 최고의 치킨 파이 레시피!
학교에서 긴 하루를 보낸 뒤에, 따끈한 파이만큼 위안이 되는 것도 없으니까.

재료 (4-6인분)

껍질을 벗겨 얇게 썬 당근 1컵
  (약 0.6cm로 슬라이스)
깍지를 벗긴 생 완두콩이나 해동한
  냉동 완두콩 1컵
옥수수 낱알 1컵
  (옥수수자루 2-3대 분량)
무염 버터 2큰술
껍질과 뼈를 제거한 닭 넓적다리 정육
  4개 (약 1.2cm 크기로 자르기)
샬롯 잘게 썬 것 2큰술
중력분 밀가루 ¼컵
닭고기 육수 1½컵
하프&하프 크림 ½컵
파슬리 가루 1작은술
소금과 통후추 간 것
달걀 1개 노른자
  (노른자만 물 1작은술과 섞기)
지름 약 23cm 냉동 파이 크러스트
  1개 (포장 용기의 지시에 따라 해동)

만드는 법

1 오븐은 200°C로 예열해. 소금물을 연하게 타서 냄비의 ¾ 만큼 채운 뒤 끓이다가, 스텐 망이나 큰 체를 이용해 당근과 완두콩을 물에 담가 살짝 무르게 아삭거릴 때까지 3-5분 익혀. 채소를 건져내고 물기를 뺀 뒤 그릇에 옮겨 담지. 옥수수도 같은 방식으로 1분 동안 끓여.

2 뚜껑이 있는 큰 프라이팬을 중강불에 놓고 버터를 녹여서, 닭고기를 넣고 가끔 뚜껑을 열고 휘저어 주며 모든 면이 갈색이 될 때까지 약 8분 익혀. 샬롯은 넣고 부드럽게 익을 때까지 저어주며 약 2분을 볶고.

3 밀가루를 뿌리고 잘 젓다가 육수, 하프&하프 크림, 파슬리를 넣고 저어가며 끓여. 뚜껑을 덮고, 약불로 줄인 뒤 10분 동안 뭉근히 끓이면 돼. 당근, 완두콩, 옥수수를 넣고 젓고, 간은 소금과 후추로 맞춰. 직경 23cm 파이 그릇에 옮겨 담아.

4 달걀노른자 물을 파이 크러스트 가장자리에 2.5cm 정도 발라. 파이 속이 담긴 그릇에 파이 크러스트를 달걀 물을 바른 면이 밑으로 가도록 하여 덮고, 그릇과 크러스트의 가장자리 부분을 눌러줘. 가장자리를 매끄럽게 다듬고 겉면에는 남은 달걀 물을 살짝 발라. 칼끝으로 윗부분 가운데 부분에 구멍을 몇 개 내고.

5 파이 그릇을 오븐용 팬에 넣고, 크러스트가 노릇노릇하게 익을 때까지 약 30분 굽고, 10분간 식힌 후에 먹으면 돼.

라이너스의 이불 덮은 돼지 *Linus's Pigs In a Blanket*

시판되는 크루아상 빵으로 꿀꿀이들을 덮어도 문제 없지.

재료 (6인분)

중력분 밀가루 2컵
  (뿌리는 용도로 조금 더)
베이킹파우더 1큰술
설탕 1작은술
소금 1작은술
차가운 버터, 숭덩숭덩 썰어서 7큰술
전지우유 ¾컵
잘게 부순 체다 치즈 6큰술
핫도그 6개

만드는 법

1 볼에 밀가루, 베이킹파우더, 설탕과 소금을 넣고 섞다가, 버터 조각을 그 위에 뿌린 다음, 엄지와 다른 손가락들의 끝을 맞대고 비벼 버터를 녹이며 밀가루와 잘 섞어. 버터와 밀가루가 섞여 작은 조약돌 모양이 만들어질 때까지 계속 문질러야 해. 우유를 조금씩 부으며 반죽이 큰 덩어리로 뭉쳐질 때까지 손가락으로 계속 문질러.

2 밀가루를 넉넉히 뿌린 작업대 위로 반죽을 옮겨. 손으로 반죽을 두둑한 모양으로 누르고 살살 치대며 밀가루를 모두 잘 섞어.

3 오븐은 230℃로 예열해. 오븐용 팬에 유산지를 깔고. 작업대에 밀가루를 살짝 뿌리고, 밀대로 반죽을 크기 약 25x38cm, 두께 약 0.8cm의 직사각형으로 펴고, 필요하면 들러붙지 않도록 밀가루를 더 뿌려. 직사각형 반죽을 12-13cm 크기의 정사각형으로 6등분해.

4 각각의 정사각형 반죽 위에 치즈 1큰술씩 뿌리고, 한가운데 대각선으로 핫도그를 놔. 비어 있는 모서리 한쪽을 들어 핫도그를 덮고 살며시 눌러. 핫도그를 덮은 반죽 윗부분에 물을 바른 다음, 반대쪽 모서리를 들어서 첫 번째 모서리 위에 얹고 서로 잘 달라붙도록 살포시 눌러. 나머지 반죽과 핫도그로 같은 과정을 반복해. 반죽으로 덮은 핫도그를, 반죽이 포개진 부분을 위로 오게 하여 준비된 오븐용 팬 위에 서로 달라붙지 않게 올려.

5 반죽이 노릇노릇하게 익을 때까지 10-13분 동안 굽고, 오븐에서 꺼내 잠깐 식혔다가 따뜻하게 내면 끝.

WACK!

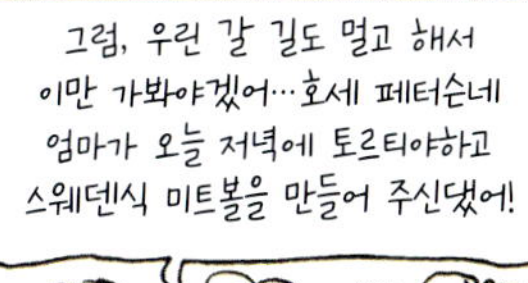

호세의 "스웨덴식" 미트볼 *José's "Swedish" Meatballs*

입맛을 돋우는 정도가 아니라, 감탄이 절로 나오는 미트볼!

재료 (미트볼 20개 분량)

두껍게 썬 슬라이스 빵 1조각
  (껍질은 제거)
전지우유 ½컵
다진 소고기 230g
다진 돼지고기 230g
양파 1개 (강판에 간 것)
잘게 다진 이탈리아 파슬리 3큰술
마늘 파우더 ¼작은술
소금 2작은술
통후추 간 것 1작은술
엑스트라버진 올리브유 2큰술

만드는 법

1 빵은 몇 조각으로 찢은 뒤 작은 그릇에 우유를 따라 담가둬. 큰 볼에 다진 소고기, 다진 돼지고기, 양파, 파슬리, 마늘 파우더, 소금, 후추를 넣어 섞어.

2 빵을 우유에 담근 채로 포크를 이용해 으깬 다음 고기 섞은 것에 붓고, 고루 잘 혼합되도록 손으로 살살 섞어. 너무 많이 치대면 미트볼이 질겨지니까 주의해야 해. 고기 반죽을 조금 떠서 손바닥을 이용해 5cm 크기로 동그랗게 빚어서 쟁반에 올려둬.

3 접시에 종이 타월을 깔아둬. 큰 프라이팬을 강불에 달군 후 기름을 붓고, 미트볼이 서로 닿지 않게끔 간격을 두고 프라이팬에 올려. 미트볼의 겉면이 갈색으로 변하면, 나무주걱으로 돌려가며 모든 면을 갈색으로 익혀. 모두 갈색이 되면 종이 타월을 깔아둔 접시로 옮겨 물기를 빼고, 나머지 미트볼을 같은 방식으로 익혀.

4 미트볼을 모두 다시 팬에 넣고, 불을 약하게 줄인 뒤 단단해질 때까지 약 5분 동안 조리하여 곧바로 내면 돼.

캠프 캄프 칠리 차우 *Camp Kamp Chili Chow*

힘든 하이킹을 완벽하게 만들어주는 건 푸짐한 캠프 차우 한 그릇!

재료 (4인분)

엑스트라버진 올리브유 1큰술

잘게 다진 양파 ½컵

다진 소고기나 칠면조 고기 450g

마늘 2쪽 다진 것

칠리 파우더 1-2큰술

커민 간 것 1작은술

오레가노 말린 것 ½작은술

저염도 닭고기 육수 2컵

으깬 토마토 통조림 1캔 (400g)

강낭콩 1캔 (약 425g. 붉은콩, 검은콩,
　얼룩콩, 뭐든 가능! 다만 물을 따라
　내고 헹궈둘 것)

토마토 페이스트 2큰술

소금과 통후추 간 것

잘게 부순 체다 치즈 ½컵
　(곁들이 용도)

만드는 법

1 크고 무거운 냄비에 기름을 넣고 중불에서 데워서, 양파를 넣고 저으면서 반투명해질 때까지 5분 동안 익혀. 다진 소고기와 마늘까지 넣고 익히는데, 나무 숟가락으로 고기를 잘게 부수며 소고기가 갈색이 될 때까지 5-7분 동안 조리해.

2 칠리 파우더, 커민, 오레가노를 조금씩 넣으며 잘 저어서 섞어. 닭고기 육수, 토마토와 즙, 강낭콩, 토마토 페이스트를 넣고 끓이다가, 부르르 끓으면 중약불로 줄이고 약간 걸쭉해질 때까지 20-25분 더 끓여. 간은 취향에 따라 소금과 후추로.

3 숟가락으로 칠리를 떠서 그릇에 덜고, 그 위에 치즈를 솔솔 뿌려서 곧바로 내면 끝.

매력남 조 쿨, 슬로피-조 쿨 *Sloppy Joe Cool*

새로운 요리에 도전해 볼래? 겁먹지 마.
이건 재미있고 맛있고도 정말 쉬워서 스누피 두 발로도 만들 수 있는 요리니까!

재료 (4인분)

엑스트라버진 올리브유 1큰술

다진 소고기나 칠면조 고기 약 570g

황설탕 2큰술 가득

잘게 다진 양파 2큰술

파프리카 1작은술

칠리 파우더 1작은술

마늘 파우더 ½작은술

토마토 소스 통조림 1캔 (약 425g)

토마토 페이스트 2큰술

우스터소스 2큰술

레드와인 식초 2작은술

소금과 통후추 간 것

햄버거 번 4개

*'슬로피조'는, 다진 고기를 토마토 소스로
맛을 내서 둥근 빵 안에 넣어 먹는 음식이야.

만드는 법

1 큰 프라이팬을 중강불에 올리고, 기름을 두르고 다진 소고기를 익히는데, 나무 숟가락으로 소고기를 잘게 부수며 8-10분간 골고루 익혀. 중약불로 줄이고 황설탕, 양파, 파프리카, 칠리 파우더, 마늘 파우더를 넣고 잘 섞일 때까지 약 2분 동안 저으며 익혀.

2 토마토 소스, 토마토 페이스트, 우스터소스, 식초를 넣고 잘 섞일 때까지 저으며 센 불에서 끓여. 끓으면 곧바로 중약불로 줄이고, 향이 잘 섞이도록 자주 저어주며 5분 더 끓여. 간은 입맛대로 소금과 후추로 맞추고.

3 4개의 접시에 각각 햄버거 번의 아래쪽 빵을, 잘린 면이 위를 보도록 놓지. 스푼으로 같은 양의 고기를 떠서 빵 위에 올려서 뜨거울 때 내면 끝.

스누피의 월드-스타 피자

매일매일 특별한 식탁이 되는 특별한 피자 레시피!
페퍼로니나 살라미, 또는 나만의 토핑을 얹어 구우면 더 특별한 맛이 나지!

재료 (피자 4개분)

액티브 드라이 이스트 1½작은술
따뜻한 물 1¼컵
설탕 1작은술
중력분 밀가루 3½컵
  (뿌리는 용도로 조금 더)
소금 2작은술 (양념 용도로 조금 더)
엑스트라버진 올리브유 2큰술
  (뿌리는 용도로 조금 더)
세몰리나 밀가루 ½컵 (뿌리는 용도)
시판 토마토 소스 1컵
생 모짜렐라 치즈 450g
  (얇게 슬라이스한 것)
강판에 간 파마산 치즈 ¼컵

*'세몰리나'는 파스타나 푸딩 등의 원료로
쓰이는 밀의 한 종류야.

만드는 법

1 작은 볼에 물 ½컵과 이스트를 넣고, 이스트가 발효되도록 몇 분 기다렸다가 고루 잘 섞어줘. 설탕을 넣고 휘저은 다음, 밀가루 ½컵을 넣고 다시 휘저어. 랩으로 덮고 혼합물에 기포가 생길 때까지 따뜻한 곳에 약 15분 동안 놔둬.

2 반죽기 그릇에 밀가루 2½컵과 소금을 넣고 섞어. 이스트 섞은 것(1번)과 나머지 물 ¾컵과 올리브유를 넣고, 반죽기에 도우훅(dough hook)을 달고 중간 속도로 작동시켜서, 남은 밀가루를 필요한 만큼 추가하여 반죽이 질어지지 않도록, 말랑말랑 탄력 있고 촉촉하되 들러붙지 않는 상태가 될 때까지 약 10분 동안 치대자.

3 반죽을 공 모양으로 만들어 4등분하고, 각각을 공 모양으로 만들어서 밀가루를 살짝 뿌린 접시에 담고, 랩으로 덮은 후 15분 동안 놔둬.

4 오븐 받침대를 아래쪽 칸에 넣고 230℃로 예열해두고, 테두리 없이 큰 쿠키 팬에 세몰리나 밀가루를 살짝 뿌려.

5 반죽 공을 1개 꺼내서 살짝 밀가루를 뿌린 작업대에 놓고, 밀대로 약 0.6cm 두께의 동그란 모양으로 편 다음, 펼친 반죽 전체를 포크로 찔러준 뒤 준비해둔 쿠키 팬에 올리지.

*이제 거의 다 됐어.
조금만 더 힘을 내…*

6 소스 ¼컵을 반죽 가장자리까지 잘 발라주고, 각각의 치즈 ¼ 분량을 위에 올린 다음,
올리브유를 살짝 붓고 소금을 뿌려.

7 반죽 겉이 노릇노릇 익고 치즈가 보글거리며 갈색이 되기 시작할 때까지 약 10분 동안
구워. 피자를 오븐에서 꺼내 도마로 옮겨 5분쯤 식힌 뒤에, 먹기 좋게 자르면 끝! 남은
3개의 반죽과 토핑 재료들도 같은 방식으로 피자로 만들어 보자.

ROOT
BEER

PEANUTS
by SCHULZ
GIFT CERTIFICATE
상품권

이게 뭐죠? 상품권?

미안하지만…
이건 피자 상품권이네요…
우리는 피자는 판매하지 않아요…

이건 뭐죠?
개 사료 상품권?

이건 문제없죠, 선생님…
지금 바로 준비해드리겠습니다.

여기 있습니다…

이 생각을 하는 데
3년이 걸렸다니…

찰리 브라운의 매울락-말락-엔칠라다

Charlie Brown's Not-Too-Spicy Enchiladas

엔칠라다 소스가 빨간색이면 어떻고, 초록색이면 어때?
설명서를 잘 읽고 불의 세기만 정확히 지키면 된다고!

재료 (4인분)

카놀라유 4큰술
엔칠라다 소스 캔 1개 (약 45g)
닭고기 육수 1컵
소금
옥수수 토르티야 12개
익혀서 잘게 찢은 닭고기 2컵
강판에 간 몬터레이 잭 치즈 2컵
사워크림 ½컵

* '엔칠라다'는 토르티야에 고기를 넣고 매운 소스를 뿌린 멕시코 음식이야.

만드는 법

1 오븐을 약 160℃로 예열해둬. 프라이팬에 기름 1큰술을 넣고 중간불로 데우다가, 엔칠라다 소스를 붓고 걸쭉해질 때까지 저으며 약 2분 동안 익혀. 닭고기 육수를 붓고 자주 저어주며 걸쭉해질 때까지 약 5분간 끓이고, 맛을 보며 소금으로 간을 맞춘 다음 불을 꺼. 숟가락으로 엔칠라다 소스를 떠서 23x33cm 오븐용 그릇 바닥에 얇게 깔리도록 넣어서 잠시 옆에 둬.

2 접시에 종이 타월을 깔아둬. 다른 프라이팬을 중불에 놓고 남은 기름 3큰술을 부어 뜨겁게 데워서, 부젓가락으로 재빨리 토르티야를 기름에 쓸어 양면을 부드럽게 만든 뒤, 종이 타월을 깐 접시에 올려 기름기를 빼. 또 윗면도 종이 타월로 두드려서 남은 기름기를 닦아.

3 그릇에 잘게 찢은 닭고기와 치즈를 넣고 섞은 다음, 숟가락 가득 떠서 토르티야에 가장자리까지 얹은 뒤 돌돌 말아 봉합 자리가 밑으로 가도록 오븐용 그릇에 올려. 나머지 토르티야도 같은 방식으로 말아 그릇에 나란히 올려. 이제 숟가락으로 소스를 떠서 토르티야에 끼얹은 다음, 엔칠라다가 완전히 뜨거워지고 치즈가 다 녹을 때까지 약 15분 동안 구워. 엔칠라다 위에 사워크림을 얹어서 곧바로 내면 끝.

디저트는 언제나

찰리 브라우니 91

벌레 없는 캐러멜 사과 92

타피오카의 푸딩 94

호박 대왕 파이 97

해럴드 에인절의 "7분 프로스팅" 케이크 98

우드스톡의 거꾸로 케이크 100

바이올렛의 특급 진흙 파이 103

"당근은 채소다" 케이크 104

프랭클린의 냉동 과일 크러시 107

짭짭 뚝뚝 짭짭 바닐라 아이스크림 108

페기 진의 "초코에 풍덩" 하트 쿠키 111

스위트 바부 112

로레타의 초콜릿 칩 "걸 스카우트" 쿠키 115

페퍼민트 패티 꽈배기 지팡이 쿠키 116

스누피의 크리스마스 쿠키 118

HAPPY BIRTHD

찰리 브라우니 *Charlie Brownies*

이 브라우니는 정신이 혼미할 정도로 맛있거든!
그러니까 우리도 브라우니 찰리라고 잘못 부를지도 몰라!

재료 (큼직한 브라우니 9개분)

무염 버터 ½컵, 4조각으로 잘라둘 것
   (기름칠 용도로 조금 더)
무가당 초콜릿 잘게 다진 것 85g
설탕 1컵
소금 ¼작은술
큰 달걀 2개
바닐라 추출물 1작은술
박력분 밀가루 ¾컵, 체에 친 것
비터스위트 초콜릿 칩 ¾컵

* '비터스위트 초콜릿'은 코코아 함유량이 65~80% 정도, 당분이 33%를 차지하는 초콜릿이야.

만드는 법

1 오븐을 약 175℃로 예열하면서, 20cm 정사각형 오븐용 그릇에 기름을 살짝 둘러.

2 작은 냄비를 약불에 올리고 버터와 무가당 초콜릿을 넣고, 자주 저어주며 잘 녹을 때까지 약 4분 끓인 다음, 불을 끄고 큰 그릇에 붓고, 설탕과 소금을 넣고 저어. 달걀과 바닐라까지 넣고 잘 저어서 섞어. 또 밀가루도 체에 받쳐 뿌리고 잘 저어서 섞어. 초콜릿 칩도 넣고 저어.

3 준비해둔 오븐용 그릇(1번)에 반죽을 부어 평평하게 펴주고, 이쑤시개로 찔렀을 때 거의 아무 것도 묻어나오지 않을 때까지 약 30분 동안 구워. (지나치게 오래 굽지 않도록 주의!) 철망에 옮겨 완전히 식힌 다음 6.3cm 크기의 정사각형 모양으로 잘라. 자른 브라우니를 밀폐 용기에 담아 상온에 두면 최대 5일까지 보관할 수 있어.

벌레 없는 캐러멜 사과 _Wormless Caramel apples_

요리를 잘 못해도 뚝딱 만들 수 있는 특별한 간식!
스릴까지 느낄 수 있는 캐러멜 사과라니, 그야말로 금상첨화이지 뭐야!

재료 (사과 8개분)

캐러멜 2봉지 (약 400g)
막대 아이스크림이나
　　막대사탕 스틱 8개
작은 사과 8개

만드는 법

1 포장지에서 꺼낸 캐러멜을 작은 냄비에 물 ¼컵과 함께 넣고, 중불에 올려 한 번씩 저으며 캐러멜이 녹아 부드러워질 때까지 5-7분 끓여. 다 녹으면 식지 않게 약불에 올려두고.

2 오븐용 팬에 왁스페이퍼를 깔아. 사과 꼭지 부분에 막대사탕이나 막대 아이스크림 스틱을 꽂아, 사과를 캐러멜에 완전히 담가 코팅한 후, 캐러멜이 흘러내리기를 멈추면 왁스페이퍼 위에 올려둬. 나머지 사과까지 똑같은 방식으로 캐러멜을 코팅해줘. 필요한 경우 숟가락으로 캐러멜을 떠서 사과 옆면에 발라도 돼. 오븐용 팬에 올린 사과는 10분쯤 기다리면 캐러멜이 완전히 굳을 거야.

3 곧바로 내거나, 왁스페이퍼로 낱개 포장해서 냉장고에 하루 정도 보관해도 좋아. 먹기 전에 상온에 꺼내두면 저절로 녹을 테고.

타피오카의 푸딩 Tapioca's Pudding

이 초코 푸딩은 너무 맛있어서 티셔츠와 도시락으로도 나와야 해!

재료 (4인분)

설탕 ⅓컵
옥수수 전분 3큰술
세미스위트 초콜릿 칩 1컵 (약 170g)
전지우유 2컵
바닐라 추출물 1큰술

만드는 법

1 냄비에 설탕과 옥수수 전분을 넣고 섞은 다음, 초콜릿 칩을 섞고 우유를 부으며 천천히 저어.

2 냄비를 중불에 올리고, 계속 저으며 푸딩이 걸쭉하고 부드러워질 때까지 6분쯤 끓여.

3 불을 끈 뒤 바닐라를 넣고 저어. 푸딩을 종종 저어주며 한 쪽에 놓고 식혀.

4 푸딩이 식으면 작은 그릇 4개에 나누어 담고, 랩으로 덮어서 1시간쯤 차갑게 냉장했다가, 랩을 벗기고 바로 내면 완성이야.

TAPIOCA PUDDING

SIX
1/2 CUP
SERVINGS

NET WT
5.9 OZ (167g)

INSTANT MIX!

TAPIOCA PUDDING

INSTANT MIX!

호박 대왕 파이 *The Great Pumpkin Pie*

호박 대왕님, 매년 호박밭에서 솟아올라와
우리에게 이 맛있는 추수감사절 요리를 주셔서 감사합니다!

재료 (8인분)

생강쿠키 크러스트

으깨어 부순 생강쿠키 1½ 컵

설탕 3큰술

무염 버터 녹인 것 6큰술

생강 가루 ½작은술

파이 속

큰 달걀 3개

황설탕 ¾컵 꽉 채워서

시나몬 가루 ½작은술

생강 가루 ½작은술

정향 가루 ¼작은술

육두구 가루 ¼작은술

소금 ½작은술

호박 퓨레 1캔 (약 410g / 약 1⅔컵)

하프&하프 또는 헤비 크림 1½컵

휘핑크림 (곁들이용)

* '헤비 크림'은 유지방 함량이 36~38% 정도인 동물성 생크림이야.

만드는 법

1 오븐을 약 175℃로 예열해두고, 먼저 생강쿠키 크러스트부터 만들 거야. 그릇에 생강 쿠키 부순 것, 설탕, 녹인 버터, 생강을 넣고 고루 잘 섞어서 23cm 파이 팬의 바닥에 부어서(두드리면서 테두리 면까지 고르게 덮이게 해야 해.) 굳을 때까지 약 5분 동안 구워. 그런 다음 받침대 위에서 완전히 식혀.

2 이번엔 파이 속을 만들 거야. 큰 그릇에 달걀을 넣고 휘젓다가 황설탕, 시나몬, 생강, 정향, 육두구, 소금을 넣고 휘저어서 잘 섞어. 호박, 하프&하프 크림까지 넣고 잘 저어서 섞은 다음, 크러스트에 붓지.

3 속이 굳을 때까지 45-50분 동안 파이를 굽고, 받침대 위에서 완전히 식혀. 이제 먹기 좋은 크기로 자르고, 각각의 조각들에 휘핑크림을 얹어 내면 완성.

해럴드 에인절의 "7분 프로스팅" 케이크

Harold Angel Food Cake "With Seven-Minute Frosting"
천사 같은 면이라고는 없는 마성의 케이크!

재료 10인분)

케이크

박력분 밀가루 1컵
초미립 분당 1¼컵
소금 ¼작은술
달걀 흰자 1¼컵 (큰 달걀 약 10개)
타르타르 크림 1½작은술
바닐라 추출물 1작은술

7분 프로스팅

달걀 2개 흰자만
찬 물 5큰술
타르타르 크림 ⅛작은술
설탕 1½컵
소금 ⅛작은술
바닐라 추출물 1½작은술

*'타르타르 크림'은 제빵에서 달걀 흰자를 거품 낼 때나 빵, 과자 등을 만들 때 기포를 튼튼하게 하고 제품을 팽창시켜 주는 흰 가루 형태의 첨가제를 말해.

만드는 법

1 오븐을 약 175℃로 예열해.

2 먼저 케이크를 만들자. 밀가루, 초미립 분당, 소금을 3번 체에 쳐 둬. 큰 그릇에 달걀 흰자를 넣고 전동 거품기로 휘저어서(중저속) 거품을 내. 여기에 타르타르 크림과 바닐라를 더한 뒤, 속도를 중고속으로 올려 흰자가 부드럽게 거품을 형성할 때까지 휘저어. 남은 분당을 조금씩 넣어가며 거품기를 들어 올렸을 때 거품이 뾰족하게 따라 올라와 가라앉지 않을 정도가 될 때까지 계속 휘저어야 해. 이때 거품이 너무 단단해지지 않도록 주의할 것.

3 달걀 거품을 아주 큰 그릇에 옮겨 담고, 밀가루 혼합물 ½를 체에 쳐서, 큰 고무주걱을 깊이 찔렀다가 덮는 방식으로 살살 섞어줘. 나머지 밀가루 혼합물도 세 번에 나누어 같은 방식으로 체 쳐 넣고 살살 섞어. 기름을 바르지 않은 25cm 튜브 팬에 반죽을 떠서 넣고 윗부분을 매끄럽게 다듬어. 케이크가 노릇노릇 변하고 눌렀을 때 원 상태로 돌아올 때까지 40분 가량 굽고, 오븐에서 꺼내 팬을 뒤집어서 완전히 식혀.

4 케이크가 식는 동안 프로스팅을 만들자. 바닐라만 빼고 모든 프로스팅 재료를 내열성 그릇에 넣고 전기 믹서로 1분 동안 섞어. 그 그릇을 살짝 끓는 물 위에 올리고(그릇은 물에 직접 닿지 않게 해) 7분간 계속 빠른 속도로 휘저어야 해. 그런 다음 바닐라를 넣어 섞어. 이제 그릇을 냄비에서 내리고 식혀.

5 팬에서 케이크를 빼낼 때, 길고 얇은 칼날을 팬과 튜브 안쪽으로 찔러 넣어 조심스럽게 떼어내야 케이크 모양이 망가지지 않아. 팬을 뒤집으면 케이크가 미끄러지듯 빠져나올 거야. 그 위에 프로스팅을 입히고, 톱니 모양의 빵 칼로 먹기 좋게 잘라 내면 끝.

우드스톡의 거꾸로 케이크 Woodstock's Upside-down Cake

파인애플은 자르기 힘드니까, 통조림의 슬라이스 파인애플을 써도 좋아.
물론 자두나 복숭아, 다른 좋아하는 과일로 대신해도 괜찮고!

재료 (8인분)

요리용 스프레이 오일
상온에 둔 무염 버터 1컵
황설탕 ¾컵 꽉 채워서
파인애플 슬라이스 1캔
　(약 570g, 물은 따라내고)
중력분 밀가루 1¾컵
베이킹파우더 1작은술
소금 ¼작은술
육두구 가루 ¼작은술
과립 설탕 1컵
큰 달걀 2개
바닐라 추출물 2작은술
전지 우유 ½컵

만드는 법

1 오븐을 약 175℃로 예열하고, 23cm 크기의 둥근 케이크 팬에 스프레이 오일을 살짝 뿌려둬.

2 작은 냄비에 버터 ¼컵을 넣고 중간 불로 녹이다가, 황설탕을 넣고 작은 기포들이 생길 때까지 약 2분 정도 휘저어. 불을 끄고 케이크 팬에 부은 다음, 파인애플 슬라이스 조각을 한 겹으로 깔아.

3 큰 그릇에 밀가루, 베이킹파우더, 소금, 육두구를 넣고 섞어.

4 반죽기 그릇에 나머지 버터 ¾를 넣고, 혼합기를 장착해 버터의 빛깔이 연해지고 폭신한 느낌이 들 때까지 중간 속도로 휘저어. 과립 설탕을 조금씩 더하며 2-3분 더 저어. 달걀을 1개씩 넣으며 중간에도 계속 저어줘. 바닐라도 넣고 섞어. 저속으로 낮춰서, 밀가루 혼합물을 2회에 나누어 우유와 번갈아 넣으며 중간중간 잘 섞이도록 계속 저어. 단, 지나치게 많이 젓지는 않도록 주의해.

5 팬에 깔아둔 파인애플 조각 위로 반죽을 고르게 부어. 케이크 윗부분이 약간 노릇해지고 가운데 부분을 살짝 건드렸을 때 다시 올라오는 상태가 될 때까지 35-45분 동안 구워. 철망에 올려 5-10분 동안 식힌 뒤에 팬을 뒤집어 접시로 옮기고, 케이크 위에 남아 있는 파인애플 즙을 긁어내. 조금 더 식힌 뒤에 따뜻하게 먹으면 좋아.

home·made
MUD PIES

바이올렛의 특급 진흙 파이 *Violet's Deluxe Mud Pie*

진흙 파이야 뭐, 그냥 진흙 파이지. 단, 이 특급 레시피로 만든 것만 빼고!

재료 (6-8인분)

쿠키 부스러기 크러스트

초코칩 쿠키 부스러기

무염 버터 녹인 것 5큰술

과립 설탕 3큰술

파이 속

세미스위트 초콜릿 칩 1컵

무염 버터 4큰술

헤비 크림 ¼컵

투명한 옥수수 시럽 2큰술

슈거파우더 체 친 것 1컵

바닐라 추출물 1작은술

고급 커피 아이스크림
  1쿼트 (살짝 녹인 것)

만드는 법

1 오븐을 175℃로 예열해.

2 먼저 쿠키 부스러기 크러스트 만들기! 큰 그릇에 쿠키 부스러기, 녹인 버터, 과립 설탕을 넣고 쿠키 부스러기가 촉촉해질 때까지 잘 섞어. 23센티미터 크기의 파이 팬이나 그릇에 넣고 두드려 바닥과 테두리 옆면까지 고르고 단단하게 펼친 다음, 크러스트가 단단하게 굳을 때까지 약 5분 동안 구워. 더 단단하고 바삭바삭한 크러스트가 좋으면 5분 정도 더 구워도 돼.

3 이번엔 파이 속 만들기! 전자레인지용 그릇에 초콜릿 칩, 버터, 크림, 옥수수 시럽을 섞어서, 전자레인지에 30초 동안 돌려. 저어서 30초를 더 돌리거나, 내용물이 녹을 때까지 돌리고, 전자레인지에서 꺼내 부드럽게 섞일 때까지 저어.

4 초콜릿 혼합물(3번)에 슈거파우더와 바닐라를 넣고 잘 섞어. 이 중에서 ½컵은 파이에 얹을 용도로 따로 덜어두고, 나머지를 팬에 든 쿠키 크러스트 위에 골고루 펼쳐 넣고, 차가워질 때까지 약 1시간 냉장해.

5 큰 그릇에 아이스크림을 담고 전기 믹서를 중간 속도로 작동하여 무르지만 흐르지 않을 정도로 휘저은 다음, 곧바로 파이 크러스트 안에 부어 초코 혼합물 위로 고르게 펴 발라. 아이스크림이 굳을 때까지 최소 2시간에서 하룻밤까지 냉동해.

6 따로 덜어둔 초콜릿 혼합물을 전자레인지에서 30초 간격으로 데워서, 잘 발릴 정도로만 녹인 다음, 아이스크림 위로 조금씩 떨어뜨려. 그리고 파이를 다시 냉동실에 넣어서 완전히 굳을 때까지 3-4시간 얼려. 칼을 뜨거운 물에 담갔다가 말려서 자르는 게 좋고, 하룻밤을 꼬박 얼렸다면 칼로 썰기 전에 부드러워지도록 몇 분쯤 상온에 내어두도록 해.

"당근은 채소다" 케이크 *Carrots-Are-Vegetables Cake*

천만에, 마시가 맞아! 그러니까 내 말은,
건강한 저녁 식사 후에 당근 케이크보다 더 좋은 디저트가 어디 있겠어!

재료 (8인분)

케이크 시트

중력분 밀가루 2컵

베이킹소다 2작은술

베이킹파우더 2작은술

시나몬 가루 2작은술

소금 ½작은술

올스파이스 가루 ½작은술

큰 달걀 4개

식물성 기름 ¾컵

과립 설탕 ¾컵

황설탕 1컵 가득

버터밀크 ½컵

껍질을 벗겨 채 썬 당근 3컵

프로스팅

크림치즈 450g

상온에 둔 무염 버터 6큰술

슈거파우더 1¼컵

바닐라 추출물 1½작은술

*'올스파이스'는 서인도제도산 나무 열매를
말린 향신료로, 백미후추라고도 해.

만드는 법

1 오븐을 175℃로 예열하고, 23cm 크기의 둥근 케이크 팬 2개에 버터를 바르고 밀가루를 뿌려둬.

2 먼저 케이크 시트 만들기. 그릇에 밀가루, 베이킹소다, 베이킹파우더, 시나몬, 소금, 올스파이스가루를 체 쳐 놓고, 또 다른 큰 그릇에 달걀, 기름, 과립 설탕, 황설탕, 버터밀크를 잘 휘저어서 섞어.

3 밀가루 혼합물과 달걀 혼합물을 섞어서 잘 뭉치게 저어. 당근도 넣어서 부드럽게 섞고. 이 반죽을 2등분해서 준비된 2개의 팬에 올려.

4 가운데를 이쑤시개로 찔렀을 때 묻어나오는 것이 없을 때까지 40분 동안 구운 다음, 팬을 받침대에 옮겨 15분간 그대로 식혀. 팬을 뒤집어 케이크를 받침대에 놓고 완전히 식혀.

5 이제 프로스팅 만들기. 전기 믹서를 중간 속도로 작동시켜, 크림치즈와 버터가 부드러워질 때까지 섞어. 속도를 저속으로 낮춘 뒤 슈거파우더를 넣고, 다시 부드러워질 때까지 섞어. 바닐라까지 넣고 잘 섞이도록 휘저어.

6 케이크 시트 1장을 접시로 옮기고, 윗면에 프로스팅 1¼컵을 펴바른 다음, 두 번째 케이크 시트를 올려. 나머지 프로스팅은 윗면과 옆면에 잘 펴바르고. 이 상태로 곧바로 내거나, 랩으로 덮어 2일까지 냉장 보관이 가능해. (먹기 전에 상온에 꺼내 둬야 맛있어.)

프랭클린의 냉동 과일 크러시 *Franklin's Fronzen Fruit Crush*

하루 종일 해변에서 놀았다면, 하키 연습을 마쳤다면,
시험공부를 했다면(아니면 셋 다 한 뒤라면) 이보다 더 좋은 간식은 없어!

재료 (6인분)

설탕 1컵
반으로 잘라 씨를 뺀 자두 12개 (약 1.8kg. 곁들이 용도로 슬라이스 썰기 한 것 조금 더)

만드는 법

1 작은 냄비를 중간 불에 놓고 설탕과 물 1컵을 함께 끓이다가, 중약불로 줄여서 설탕이 완전히 녹을 때까지 10분 정도 끓인 다음, 불에서 내려 식혀.

2 식힌 설탕 혼합물을 믹서에 붓고, 자두까지 넣어 부드러워질 때까지 돌려.

3 혼합물을 23x33cm 오븐용 유리 그릇에 넣고 랩으로 덮어 1시간쯤 냉동실에 넣어 둬. 냉동실에서 꺼내 랩을 벗기고 포크로 조각조각 긁어낸 다음, 다시 냉동실에 넣어. 이 과정을 혼합물이 빙수처럼 보일 때까지 30분에 한 번씩 반복해. 총 3시간 정도 걸릴 거야.

4 그라니타(얼음을 으깨어 넣은 음료나 디저트)를 숟가락으로 떠서 유리잔이나 그릇에 담고, 자두 슬라이스를 올린 후 곧바로 먹으면 끝내줘!

짭짭 뚝뚝 짭짭 바닐라 아이스크림

Slurp, Slop, Slurp Vanilla Ice Cream

이 명품 아이스크림을 돼지처럼 허겁지겁 먹을 필요 없어.
친구들과 나눠 먹어도 될 만큼 많이 있으니까!

재료 (1쿼트 분량)

차가운 헤비 크림 2컵
차가운 전지 우유 1컵
설탕 ¾컵 (되도록 초미립 분당으로
 준비)
바닐라 추출물 1큰술

만드는 법

1 큰 그릇에 크림과 우유를 섞는데, 설탕을 넣어가며 완전히 녹을 때까지 3-4분 동안 휘저어. 여기에 바닐라를 섞고, 뚜껑을 덮어 냉장고에서 3-24시간 정도 차게 식혀.

2 크림 혼합물을 아이스크림 메이커에 넣고 제조사의 설명에 따라 얼려. 냉동 가능한 용기에 옮겨 담아 최소 3시간, 최대 3일까지 얼렸다가 먹으면 돼. 간단하지?

Vanilla

페기 진의 "초코에 풍덩" 하트 쿠키

Peggy Jean's Chocolate-Dipped Shortbread Hearts

최고의 밸런타인 카드는, 사랑이 담긴 수제 쿠키지!

재료 (쿠키 약 36개 분)

중력분 밀가루 2¼컵
   (뿌리는 용도로 조금 더)
베이킹파우더 1작은술
소금 ½작은술
상온에 둔 무염 버터 ½컵
설탕 ¾컵
큰 달걀 1개
전지우유 2큰술
바닐라 추출물 1작은술
세미스위트 초콜릿 칩 1½컵
식물성 쇼트닝 1½컵

만드는 법

1 그릇에 밀가루, 베이킹파우더, 소금을 넣고 잘 섞어. 다른 큰 그릇에 전기 믹서를 중고속으로 돌려 버터와 설탕이 연한 빛깔의 폭신한 느낌으로 변할 때까지 섞다가, 달걀, 우유, 바닐라를 넣고 부드러워질 때까지 섞어. 이제 밀가루 혼합물과 버터 혼합물을 합해서 저속 믹서로 돌리거나 나무 숟가락으로 부드러워질 때까지 저어야 해. 그런 다음 밀가루를 살짝 뿌린 작업대에 반죽을 올리고 공 모양으로 둥글게 만들어. 반죽을 반으로 나누고 각각 두꺼운 원반 모양으로 펼치며 가장자리를 매끈하게 다듬어서, 비닐 지퍼백에 넣고 냉장고에서 최소 2시간 차게 식혀. 최장 2일까지 냉장이 가능해.

2 오븐을 175℃로 예열하고, 오븐용 팬에 유산지를 깔아. 반죽 1개를 냉장고에서 꺼내 밀가루를 살짝 뿌린 작업대에 5분쯤 놔뒀다가, 밀대로 몇 차례 두드려 부드럽게 만든 다음, 두께가 0.3cm쯤 되도록 밀어. 반죽을 뒤집으며 필요한 경우 반죽이 작업대에 들러붙지 않도록 밀가루를 살짝 뿌려.

3 하트 모양 쿠키 커터로 잘라내서, 금속 주걱으로 2.5cm 간격으로 오븐용 팬에 옮겨. 남은 반죽을 다시 동그랗게 뭉쳤다가 밀대로 펼쳐 쿠키를 찍어내고, 남는 반죽이 없어질 때까지 이 과정을 반복해(남는 반죽은 계속 냉장고에 넣어둬야 밀대로 밀 정도의 굳기가 유지돼). 쿠키는 한 번에 팬 하나씩만 굽자. 반죽이 단단해지고 윗면의 변화 없이 밑면만 연한 갈색이 될 때까지 10분쯤 굽고, 쿠키를 철망 위에서 팬째로 잠깐 식힌 뒤에 받침대로 옮겨 완전히 식혀. 남은 반죽으로도 이 과정을 반복하여 쿠키를 만들면 돼.

4 전자레인지 용기에 초콜릿 칩과 쇼트닝을 넣고, 레인지에서 30초 데워. 저어준 뒤 다시 30초간 더 데우거나, 초콜릿이 완전히 녹을 때까지 레인지를 돌려. 전자레인지에서 꺼내 부드러워지도록 저어.

5 식힌 오븐용 팬에 새 유산지를 깔아. 한 번에 한 개씩, 녹인 초콜릿에 쿠키를 반쯤 담그고 준비해둔 오븐용 팬에 담아. 모든 쿠키에 초콜릿을 입힌 뒤에 팬을 냉장고에 넣어 약 5분 동안 초콜릿을 굳혀. 쿠키를 밀폐 용기에 담아 상온에 두면 5일까지 보관할 수 있어.

**'쇼트브레드'는 밀가루에 설탕과 버터를 듬뿍 넣어 두툼하게 만든 과자야.*

스위트 바부 *Sweet Babboos*

사랑하는 사람에게 세상에서 단 하나뿐인 달콤한 간식으로 마음을 보여줘.
지문을 꾹 찍어서 말이야!

재료 (쿠키 16개분)

상온에 둔 무염 버터 ½컵
설탕 3큰술
바닐라 추출물 ¾작은술
소금 ¼작은술
중력분 밀가루 1컵
젤리나 기호에 맞는 잼 종류 3큰술

만드는 법

1 오븐을 200℃로 예열하고, 오븐용 팬에 유산지를 깔아.

2 큰 그릇에 버터, 설탕, 바닐라, 소금을 넣어. 전기 믹서를 중고속으로 작동하여, 섞은 혼합물이 연한 빛깔을 내며 폭신한 느낌이 될 때까지 섞어. 버터 혼합물에 밀가루를 넣고 덩어리지지 않도록 저속으로 잘 섞어.

3 반죽을 티스푼만큼 떠서 손바닥으로 굴려 공 모양으로 만들고, 준비해둔 오븐용 팬에 2.5cm 간격으로 올리는데, 이때 엄지손가락으로 한가운데를 꾹 눌러서 자국을 남겨. 그 자국 위에 숟가락으로 젤리를 소량 떠서 얹고.

4 팬을 오븐에 넣고 쿠키가 갈색으로 변하기 시작할 때까지 약 10분간 구워.

5 팬째로 철망 위에서 잠깐 쿠키를 식힌 뒤,
받침대 위로 옮겨 완전히 식혀.
밀폐 용기에 넣어 상온에서
5일까지 보관해도 돼.

PEANUTS
by SCHULZ

사랑하는 샐리가

나는 밸런타인 카드를
전해주러 나갈 거야…

안녕, 이걸
네 형한테
전해줄래?
"나의
스위트 바보
에게"

"바보"가
아니야!
"바부"라고!
"바부"가 뭐야?

애칭 같은 거야…
형한테 전해줘…

난 그 애의
"스위트 바부"가
아니야!
© 1995 United Feature Syndicate, Inc

형은 누나의
"스위트 바부"가.
아니라는데…

아니야, 맞아!!
걔 왜 그러는 거야?!
2-12

이리 줘!

밸런타인 카드는
다 돌렸니?
카드는
하나뿐이었는데,
오빠 개한테
줬어!

"바부"가 뭐람?

74

로레타의 초콜릿 칩 "걸 스카우트" 쿠키

Loretta's Chocolate chip "Girl Scout" Cookies

너희 동네에서 걸 스카우트 쿠키를 판매하지 않는다고 실망하지 마.
그 다음으로 맛있는 로레타의 초콜릿 칩 쿠키가 있잖아!

재료 (쿠키 48개분)

중력분 밀가루 1⅓컵
베이킹파우더 ½작은술
베이킹
소다 ½작은술
소금 ½작은술
상온에 둔 무염 버터 ½컵
과립 설탕 ½컵
황설탕 ½컵 꽉 채워서
큰 달걀 1개
바닐라 추출물 1작은술
세미스위트 초콜릿 칩 1컵

만드는 법

1 받침대 2개를 오븐 가운데에 놓고 175℃로 예열하고, 오븐용 팬 2개에 유산지를 깔아.

2 그릇에 밀가루, 베이킹파우더, 베이킹소다, 소금을 체 쳐 둬. 전기 믹서를 중고속으로 켜고 버터가 연노란 빛에 폭신한 느낌의 크림이 될 때까지 휘젓다가, 과립 설탕과 황설탕을 넣고 손가락으로 문질렀을 때 모래처럼 꺼끌거리지 않을 때까지 계속 저어. 달걀과 바닐라도 넣고 저속으로 휘저으며 잘 섞어. 한 번씩 믹서를 멈추고 그릇 옆면에 묻은 내용물들을 고무 주걱으로 긁어 모아줘. 밀가루 혼합물을 버터 혼합물에 넣고 저속의 믹서로 섞거나 나무 숟가락으로 잘 저어. 초콜릿 칩을 넣고 잘 섞을 때까지 믹서로 돌리거나 휘저어.

3 젖은 손으로 반죽을 2.5cm 크기의 공 모양으로 만들어, 오븐용 팬에 5cm 간격으로 올려.

4 쿠키의 가장자리가 노릇노릇해질 때까지 약 12분 동안 구워. 쿠키를 철망 위에서 팬째로 잠깐 식힌 뒤 받침대로 옮겨 완전히 식혀. 밀폐 용기에 넣으면 상온에서 5일까지 보관할 수 있어.

*파우더 퍼프 더비: 1947년부터 1977년까지 개최된 여성 비행사들의 대륙횡단 시합

페퍼민트 패티 꽈배기 지팡이 쿠키

Peppermint Patty Candy Cane Cookies

한겨울 추위에도 멈추지 않는 활동에 대한 멋진 보상, 바로 이 꽈배기 쿠키!

재료 (쿠키 20개분)

중력분 밀가루 2컵
 (뿌리는 용도로 조금 더)
베이킹파우더 ¼작은술
상온에 둔 무염 버터 ¾컵
설탕 ¾컵
큰 달걀 1개
바닐라 추출물 1작은술
식용색소 빨간색

만드는 법

1 2개의 받침대를 오븐 가운데 놓고 190℃로 예열하고, 오븐용 팬 2개에 유산지를 깔아.

2 그릇에 밀가루와 베이킹파우더를 넣고 나무 숟가락으로 섞어둬. 큰 그릇에 버터와 설탕을 넣고 중고속의 전기 믹서로 잘 섞은 다음, 달걀과 바닐라를 넣고 밝은 빛깔의 크림처럼 될 때까지 섞어. 믹서의 속도를 줄이고, 밀가루 혼합물이 덩어리 없이 잘 섞이도록 천천히 저어.

3 손으로 반죽을 한 덩어리로 뭉친 다음 반으로 나눠서, 1개는 작은 그릇에 담아 랩으로 덮어두고, 남은 반죽에 빨간색 식용색소를 몇 방울 떨어뜨려. 반죽에 색깔이 고르게 물들도록 저속의 믹서로 섞으면 좋아. 계속 섞으며 색소를 한 번에 몇 방울씩 떨어뜨리면서 원하는 반죽 색깔을 만들어서, 그릇을 랩으로 덮어.

4 평평한 작업대에 손가락으로 밀가루를 가볍게 뿌려. 빨간 반죽을 1작은술 떼어서 두 손바닥으로 동그란 공 모양으로 만들고, 작업대 위에서 앞뒤로 굴려 15cm 길이의 끈처럼 늘여. 나머지 빨간색 반죽과 흰색 반죽도 같은 방식으로 길게 빚어.

5 빨간 끈 반죽과 흰 끈 반죽을 나란히 놓고, 한쪽 끝을 잡고 두 반죽을 조심스럽게 꼬아봐. 한쪽 끝을 지그시 구부려 지팡이 고리 모양을 만들고, 다른 쪽 끝을 꼬집듯이 눌러 풀어지지 않게 해서, 준비해둔 오븐용 팬에 올려. 남은 반죽을 동일한 방식으로 꼬아 쿠키를 만든 다음 팬에 2.5cm 간격으로 올려.

6 쿠키의 가장자리가 노릇노릇해질 때까지 10-12분 동안 구워. 철망에서 팬째로 잠깐 식힌 다음, 받침대로 옮겨 완전히 식혀. 밀폐 용기에 담으면 상온에서 5일까지 보관할 수 있어.

스누피의 크리스마스 쿠키

Snoopy's Christmas Cookies

이 간단한 생강 쿠키는 크리스마스 장식 모양으로 자를 수도 있고,
프로스팅과 다채로운 설탕 장식 등으로 꾸밀 수도 있어.

재료 (쿠키 30개분)

중력분 밀가루 1½컵
   (뿌리는 용도로 조금 더)
베이킹파우더 2작은술
시나몬 가루 1작은술
생강 가루 ½작은술
정향 가루 ¼작은술
소금 ¼작은술
황설탕 ¾컵
상온에 둔 무염 버터 ½컵
전지우유 1½큰술

만드는 법

1 오븐 선반 2개를 오븐 중간에 놓고 190℃로 예열하고, 오븐용 팬 2개에 유산지를 깔아.

2 그릇에 밀가루, 베이킹파우더, 시나몬 가루, 생강 가루, 정향 가루, 소금을 넣고 나무 숟가락으로 잘 섞어.

3 큰 그릇에 황설탕과 버터를 넣고 중고속의 전기 믹서로 잘 섞다가, 우유를 넣고 잘 섞어. 속도를 줄이고 밀가루 혼합물을 조금씩 부어 섞어. 너무 뻑뻑해져서 반죽이 힘들어질 정도가 되면 멈춰야 해.

맛있는 생강 쿠키를 위해
조금만 더 힘을 내…

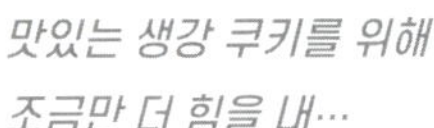

4   남은 밀가루를 그릇에 넣고, 반죽을 누르고 밀며 밀가루와 잘 섞이도록 치대. 반죽이 덩어리 없이 잘 섞일 때까지 계속! 다 됐으면 반죽을 반으로 나누어 각각 공처럼 둥글게 뭉쳐둬.

5   평평한 작업대와 밀대에 밀가루를 살짝 뿌리고, 공 모양 반죽 1개를 작업대에 올리고 밀대로 0.3-0.6cm 두께의 큼직한 직사각형 모양으로 만들어.

6   원하는 모양의 쿠키 커터로 반죽을 자르고, 금속 주걱으로 준비해둔 오븐용 팬에 약간의 간격을 두고 올려. 남은 반죽은 뭉쳐서 공 모양을 만들고 부드러워질 때까지 치대(반죽이 너무 푸석푸석해서 잘 뭉쳐지지 않을 때는 우유를 몇 방울 떨어뜨려). 또 다른 공 모양 반죽도 같은 방식으로 쿠키 모양을 찍어내, 두 번째 팬에 담아.

7   가장자리가 아주 살짝 노릇해질 때까지 10-12분 동안 굽는데, 굽는 동안 중간쯤에 두 팬의 위치를 바꿔. 철망 위에서 팬째로 잠깐 동안 쿠키를 식힌 뒤, 받침대로 옮겨 완전히 식혀.

8   원하는 대로 장식하면 끝. 밀폐 용기에 넣고 상온에서 5일까지 보관할 수 있어.

이 책을 만든 사람들

CHARLES M. SCHULZ is the artist for all strips, panels, and excerpts appearing in this book, unless otherwise cited.

PEANUTS WORLDWIDE: Spine; pages 4-5, 6, 7, 46, 61, 62, 77, 118, 121

CHARLES M. SCHULZ CREATIVE ASSOCIATES: pages 8-9, 12-13, 14-15, 42-43, 58-59, 64-65, 67, 81, 83, 88-89, 92, 93

CAMERON + CO: pages 17: art by Schulz, design by Iain Morris; 20: art by Schulz, design by Emily Studer; 28: art by Schulz, design by Emily Studer;

45: art by Schulz, design by Iain Morris; 72: art by Schulz, design by Amy Wheless; 95: art by Schulz, design by Regina Shklovsky; 109: art by Schulz, design by Iain Morris; 114: art by Schulz, design by Rob Dolgaard; 117: art by Schulz, design by Emily Studer

ROBERT POPE: pages 20, 24, 29, 34, 39, 52, 70, 74, 83, 86

VICKI SCOTT: pages 49, 50, 55, 56, 81, 101, 102, 105, 110, 119

IMAGE DESIGN COURTESY OF KAMIO JAPAN INC.: pp 16–17

weldon**owen**

Weldon Owen is a division of Bonnier Publishing USA
1045 Sansome Street, Suite 100
San Francisco, CA 94111
www.weldonowen.com

Introduction, page 10, by Lynn Downey, from the Charles M. Schulz Museum exhibit *Mud Pies and Jelly Beans: The Flavor of Peanuts*, used with permission

Library of Congress Cataloging-in-Publication data is available.

President & Publisher Roger Shaw
SVP, Sales & Marketing Amy Kaneko
Associate Publisher Mariah Bear
Acquisitions Editor Kevin Toyama
Creative Director Kelly Booth
Art Director Allister Fein
Production Designer Howie Severson
Production Director Michelle Duggan
Production Manager Sam Bissell
Imaging Manager Don Hill

Weldon Owen would like to thank Amy Marr, Lisa Atwood, and Lesley Bruynesteyn for their help in bringing these tasty dishes to the kitchen table.

Produced in conjunction with Cameron + Company
Publisher Chris Gruener
Creative Director Iain Morris
Designer Melissa Nelson Greenberg
Design Assistants Regina Shklovsky, Amy Wheless, Emily Struder
Managing Editor Jan Hughes
Proofreaders Mason Harper and Elizabeth Hayt

Cameron + Company would first and foremost like to thank Charles M. Schulz for bringing *Peanuts* into the world. We would also like to thank Peanuts Worldwide LLC and Charles M. Schulz Creative Associates for keeping his legacy alive and for their help in making this book possible—special thanks to Senior Editor Alexis E. Fajardo for his tireless efforts on this project. A resounding thank-you to Roger Shaw, Mariah Bear, and Kevin Toyama of Weldon Owen, for believing in this project and making this book possible.

옮긴이 박혜원

심리학을 전공했고, 현재는 전문번역가로 활동 중이다. 《퀸 (40주년 공식 컬렉션)》, 《브라이언 메이 레드 스페셜》, 《곰돌이 푸1 : 위니 더 푸》, 《곰돌이 푸2 : 푸 모퉁이에 있는 집》, 《빨강 머리 앤》, 《에이번리의 앤》, 《레드먼드의 앤》, 《이매지닝 앤》, 《소공녀 세라》, 《엄마 찾아 삼만리》, 《시크릿 가든》 등을 번역했다.

PEANUTS™
맛있는 스누피 쿠킹

초판 1쇄 펴낸 날 2024년 5월 30일

그 린 이 찰스 M. 슐츠
옮 긴 이 박혜원
펴 낸 이 장영재
펴 낸 곳 (주)미르북컴퍼니
자 회 사 더스토리
전 화 02)3141-4421
팩 스 0505-333-4428
등 록 2012년 3월 16일 (제313-2012-81호)
주 소 서울시 마포구 성미산로32길 12, 2층 (우 03983)
E - mail sanhonjinju@naver.com
카 페 cafe.naver.com/mirbookcompany

* (주)미르북컴퍼니는 독자 여러분의 의견에 항상 귀 기울이고 있습니다.
* 파본은 책을 구입하신 서점에서 교환해 드립니다.
* 책값은 뒤표지에 있습니다.